Wege des Zufalls

W0087854

Gero Vogl

Wege des Zufalls

Tanz der Atome, Invasion neuer
Arten, Ausbreitung von Seuchen
und Sprachen

Author
Prof. Dr. Gero Vogl
Universität Wien
Fakultät für Physik
Strudlhofgasse 4
1090 Wien
Österreich

Wichtiger Hinweis für den Benutzer

Der Verlag, der Herausgeber und die Autoren haben alle Sorgfalt walten lassen, um vollständige und akkurate Informationen in diesem Buch zu publizieren. Der Verlag übernimmt weder Garantie noch die juristische Verantwortung oder irgendeine Haftung für die Nutzung dieser Informationen, für deren Wirtschaftlichkeit oder fehlerfreie Funktion für einen bestimmten Zweck. Der Verlag übernimmt keine Gewähr dafür, dass die beschriebenen Verfahren, Programme usw. frei von Schutzrechten Dritter sind. Die Wiedergabe von Gebrauchsnamen, Handelsnamen, Warenbezeichnungen usw. in diesem Buch berechtigt auch ohne besondere Kennzeichnung nicht zu der Annahme, dass solche Namen im Sinne der Warenzeichen- und Markenschutz-Gesetzgebung als frei zu betrachten wären und daher von jedermann benutzt werden dürften. Der Verlag hat sich bemüht, sämtliche Rechteinhaber von Abbildungen zu ermitteln. Sollte dem Verlag gegenüber dennoch der Nachweis der Rechtsinhaberschaft geführt werden, wird das branchenübliche Honorar gezahlt.

Bibliografische Information der Deutschen Nationalbibliothek

Die Deutsche Nationalbibliothek verzeichnet diese Publikation in der Deutschen Nationalbibliografie; detaillierte bibliografische Daten sind im Internet über http://dnb. d-nb.de abrufbar.

Springer ist ein Unternehmen von Springer Science+Business Media
springer.de

© Spektrum Akademischer Verlag Heidelberg 2011
Spektrum Akademischer Verlag ist ein Imprint von Springer

11   12   13   14   5   4   3   2   1

Das Werk einschließlich aller seiner Teile ist urheberrechtlich geschützt. Jede Verwertung außerhalb der engen Grenzen des Urheberrechtsgesetzes ist ohne Zustimmung des Verlages unzulässig und strafbar. Das gilt insbesondere für Vervielfältigungen, Übersetzungen, Mikroverfilmungen und die Einspeicherung und Verarbeitung in elektronischen Systemen.

Planung und Lektorat: Dr. Andreas Rüdinger, Stefanie Adam
Herstellung und Satz: Crest Premedia Solutions (P) Ltd, Pune, Maharashtra, India
Umschlaggestaltung: SpieszDesign, Neu-Ulm
Titelbild: © funnyflitter, Fotolia.com

ISBN 978-3-8274-2675-8

In Erinnerung an Peter Neugebauer und Gernot Werner,
die uns auf einer Ski-Wanderung entrissen wurden.

Vorwort

Wir besprechen und bewundern in diesem Buch ganz ohne Mathematik, wie Wissenschaftler aus vielen Disziplinen Ausbreitungsvorgänge erforscht haben, die die Physiker Diffusion nennen. Die Diffusion verfolgt zufällige Wege wandernder Teilchen, Lebewesen, Ideen, und obwohl sie zufällig ist, ist ihr Ergebnis dennoch vorhersehbar.

Im 19. Jahrhundert erforschte Joseph Fourier, Präfekt eines französischen Departements wider Willen, jedoch Physiker und Mathematiker aus Berufung und Begeisterung, die Ausbreitung der Wärme. Adolf Fick war Physiologe und fand die nach ihm benannten Diffusionsgesetze. Der Botaniker Robert Brown entdeckte die Brown'sche Bewegung „torkelnder" Teilchen in Flüssigkeiten, konnte sie jedoch nicht erklären. Denn das Gesetz, nach dem sich ein einzelnes Teilchen in einer Flüssigkeit bewegt, hat schließlich erst 1905 Albert Einstein herausgefunden. Und zu erforschen, wie sich einzelne Teilchen im Inneren fester Materie bewegen, wird heute mit den modernsten und größten Maschinen, die die Wissenschaft hervorgebracht hat, möglich.

Im 20. Jahrhundert sind interessante Wanderungsbewegungen und Ausbreitungsvorgänge durch die Forschung von Archäologen und Genetikern, Botanikern, Ökologen und Sprachforschern in das allgemeine Interesse gerückt. Es ist erstaunlich und faszinierend, dass Gesetze aus der Physik Beschreibungen von Ausbreitungsvorgängen von Lebewesen und geistigen Gütern liefern. Interdisziplinäre Zusammenarbeit und Informationsaustausch zwischen den Fachleuten, die die Problematik kennen, und Physikern, die die allgemeinen Modelle übertragen können, ist die Voraussetzung dafür. Man muss sich bei solchen Übertragungen aber der Grenzen bewusst sein: Manches, was in der Physik einfach ist, wird in den Lebenswissenschaften schwierig, in den Geisteswissenschaften fast undurchschaubar.

Im 21. Jahrhundert interessieren Ausbreitung und Diffusion nicht mehr nur Wissenschaftler, denn mit Globalisierung und Klimawandel berühren Ausbreitungsvorgänge und Invasionen neuer Arten heute alle Menschen.

Die meisten Erforscher der Wanderungsbewegungen, von denen in diesem Buch die Rede ist, haben die Grenzen ihrer Disziplin überschritten. Sie waren selbst Wanderer zwischen den Wissenschaften und oft auch Wanderer oder Reisende im Leben. Aus Begeisterung, wie der Bergsteiger Adolf Fick oder der Forschungsreisende Robert Brown, oder aus beruflicher Notwendigkeit, wie der von Napoleon durch die Welt getriebene Joseph Fourier oder der nach Calcutta entsandte englische Richter William Jones. Und Albert Einstein ist das Beispiel für einen räumlich und geistig besonders umtriebigen Forscher: Er wechselte in seinen jüngeren Jahren nicht nur oft seinen Arbeitsplatz, er diffundierte wie kein anderer zwischen den Gebieten in seiner Physik. Ich vermute, dass Menschen, die sich für den Blick über den Tellerrand interessieren, für

Interdisziplinäres, Neues, auch in ihrem eigenen Leben die Veränderung schätzen und suchen. Wahrscheinlich hat es miteinander zu tun: die Bereitschaft zur Grenzüberschreitung zwischen den Disziplinen und die Bereitschaft oder sogar das Bedürfnis, auch körperlich zu wandern und sich beruflich zu verändern.

Wie eingangs erwähnt, beschreibt dieses Buch Ausbreitungsvorgänge, ohne den Leser mit Mathematik zu belasten. Leser, die sich für die zugrundeliegende Mathematik interessieren, könnten als Einstieg mein Buch *Wandern ohne Ziel*, Springer (2007) konsultieren.

Inhalt

Wandern

Es muss ein Samstagabend gewesen sein, denn die Stube war recht voll. Wir wollten unsere Wanderung geruhsam und für unsere Verhältnisse verschwenderisch bei Wein, Speck und „Käschtn"[1] beginnen und hatten dazu den Tschötscher, ein kleines Gasthaus im deutschsprachigen St. Oswald, einer „Fraktion" der Gemeinde Kastelruth nördlich von Bozen über dem Eisacktal, gewählt.

Es war kein kleiner Tisch frei, deshalb setzten wir uns an das Ende eines langen Tisches. Bald kam eine größere Gruppe junger Einheimischer und setzte sich zu uns. Sie unterhielten sich angeregt, und die Gespräche flogen über den langen Tisch hin und her. Ich versuchte der lustigen Unterhaltung zu folgen, hatte dabei aber Schwierigkeiten. Genauer: Ich verstand fast gar nichts. Die beiden Burschen neben mir sprachen mit dem mir vertrauten Tiroler Akzent, aber ein offenbar so ausgeprägtes uriges Tirolerisch, dass ich es nicht verstand. Dazwischen fügten sie, so kam es mir vor, italienische Worte ein, deren Bedeutung ich teilweise erahnen konnte. Am anderen Tischende wurde klarer gesprochen, ohne dass mir bewusst wurde, in welcher Sprache, ich konnte aber einigermaßen

---

[1] Esskastanien.

folgen. Schließlich konnte ich mich nicht mehr zurückhalten und fragte einen der beiden Tischnachbarn: „Ihr seid doch einheimische Südtiroler, warum sprecht ihr so ein Gemisch aus Italienisch und Deutsch?" Er wartete einen Moment, lächelte, und dann antwortete er in tadellos verständlichem Deutsch: „Wir sind Ladiner und sprechen untereinander Ladinisch. Wir sind aus dem Grödnertal, gleich aus der an Kastelruth angrenzenden Gemeinde am Fuß des Sella-Stocks." „Aber warum kann ich das Mädchen am Tischende verstehen und euch gar nicht?", fragte ich. Da lachte er: „Das ist eine Italienerin, die spricht Italienisch." Ich bestellte eine Runde Wein, um meine erste Bekanntschaft mit Ladinern zu begießen, und wir gingen bald, denn wir wollten am nächsten Tag früh loswandern. Die Ladiner feierten fröhlich weiter.

Das war meine erste Bekanntschaft mit dem Ladinischen, von dem ich trotz meiner Latein- und Italienisch-Kenntnisse offenbar nur die deutschen und italienischen Einsprengsel mitbekommen hatte.

In den nächsten Tagen wanderten wir über Almen und auf Gipfel, stiegen von den Bergen, die ja in den Dolomiten meist wie voneinander durch tiefe Gräben getrennte Festungen dastehen, immer wieder in die Täler ab, nächtigten einmal in einem deutschen Hof, dann wieder in einem italienischen Weiler oder einem ladinischen Dorf. In der Ferne standen die weißen Gletscherberge, der Ortler, die Ötztaler und die Zillertaler, aber wir wahrten zu ihnen Abstand, blieben unter Menschen. Wir überschritten täglich wenigstens eine Sprachgrenze. Ich lernte in diesen Tagen zwar einigermaßen Ladinisch lesen, denn den Sinn von Geschriebenem kann man mit Latein- und Italienisch-Kenntnissen häufig erraten, aber zum Verstehen der gesprochenen Sprache oder gar zum Sprechen dieses „Alpen-Lateins" mit dem tirolerischen Akzent reichte es nicht.

Das Interesse für diese kleine Gemeinschaft in den Bergen Südtirols und der angrenzenden Provinzen Italiens hat mich seither nicht mehr verlassen. Das Ladinische variiert zwar von Dorf zu Dorf, von Tal zu Tal, wie das der Goebl'sche Sprachatlas [Goebl 2006] des Ladinischen ausführlich dokumentiert, ist aber immer deutlich von der angrenzenden anderen romanischen Sprache, dem Italienischen, abgesetzt. Immer wieder stellte und stelle ich mir die Frage: Wie konnten die Ladiner über mehr als 1 000 Jahre der Ausbreitung, der Diffusion der Deutschen aus dem Norden und Osten und der Italiener aus dem Süden standhalten? Warum konnten sie sich in ihrem sprachlichen „Käfig" in den Tälern um den Sella-Stock gegen den Andrang der neuen Sprachen abgrenzen? Weshalb ist die Ausbreitung des Italienischen und des Deutschen an den Grenzen dieses Käfigs angehalten worden? Wieso konnten die Ladiner ihre Sprache erhalten, wo doch rundherum sich die Sprachen entwickelten und veränderten?

Eine sachliche Erklärung fand ich nicht, und mein Interesse an den Ladinern musste zurückstehen hinter meinen beruflichen Aufgaben und Interessen als Naturwissenschaftler. Es sollten viele Jahre vergehen, bis ich Zeit fand, mich wieder mit der Frage zu beschäftigen, wie kleine Sprachgruppen dem Assimilierungsdruck standhalten können. Und da hatten sich schon andere Forscher, bezeichnenderweise auch Physiker [z. B. Patriarca 2004, Stauffer 2006], mit der Frage befasst und Lösungen angeboten. Aber davon später.

Heute ist der Ausbreitungsprozess des Deutschen und des Italienischen abgeschlossen, die Situation der Ladiner

durch eigene Schulen und eine gehörige Portion Stolz
auf ihre Besonderheit gesichert. Die Größe ihres sprachlichen Käfigs dürfte über lange Zeit erhalten bleiben und
uns Europäer mit Stolz über unsere Vielfalt in der europäischen Einheit erfüllen. Den Ablauf der Diffusion der
größeren Sprachen können wir nur noch aus Geschichtsdokumenten rekonstruieren.

Für die italienische Sprache in Norditalien haben dies
Michael Leitner und Kollegen versucht [Leitner 2009/1]:
Schon um 1 400 hat das Italienische die Städte in Norditalien erreicht, der Diffusionsvorgang von der prägenden
Kulturmetropole Florenz ist aus Dokumenten der norditalienischen Städte klar zu erkennen. Aber an den Bergen
bricht sich offenbar diese „Welle des Fortschritts", die
Ladiner widerstehen in ihrem Käfig in den Bergen den
sprachlichen Neuerungen.

Heute muss man durch außereuropäische Gebirgslandschaften wandern, um zu studieren, wie der Vorgang der
Diffusion, der sprachlichen, aber besonders der zivilisatorischen Diffusion, abläuft. Im Vorland der großen Bergzüge Asiens kann man diesen Vorgang gerade noch verfolgen, aber auch dort findet er mit so großer Vehemenz
statt, dass das „Diffusions-Gleichgewicht", ich nenne
dieses Phänomen provokant „Diffusionstod", die Vereinheitlichung durch Ausbreitung, absehbar ist. Straßen,
Stromleitungen, Schulen, Gesundheitsposten wachsen in
die Landschaft hinein. Das trifft jedenfalls dort zu, wo
Frieden herrscht. Die Bevölkerung wächst schnell, und
bald wird das letzte bebaubare Fleckchen Erde von einem
Haus bestanden sein.

Steile Berghänge mit Einzelgehöften, dahinter die wei
ßen Gletscherberge. Bauernland abseits der Verkehr- und

Touristenrouten, in respektvoller Entfernung von den Himalaja-Riesen, aber mit Sicht auf alle Achttausender Nepals, vom Dhaulagiri über den Mount Everest bis zum Kangchendzönga. Die Ähnlichkeit mit der heimatlichen Bergwelt und ihrer Siedlungsstruktur fasziniert mich, aber mehr noch die Tatsache, dass es praktisch fast noch keine der Annehmlichleiten der modernen Zivilisation gibt, sodass man sich zwei Jahrhunderte zurückversetzt vorkommt. Südtirol im 18. oder 19. Jahrhundert in das Vorland des Himalaja übertragen, diesen Gedanken kann ich nicht unterdrücken, er beherrscht mich unabweisbar, wenn ich – mehr oder weniger ohne Ziel – durch Nepal wandere. Vom Wunsch bewegt, zu beobachten, wie die globale Zivilisation sich ausbreitet, diffundiert. Ich schreibe dies, mit untergeschlagenen Beinen auf einer niedrigen Truhe sitzend, in einem nepalesischen Bauernhaus mit offener Feuerstelle ohne Rauchabzug und mit gestampftem Lehmboden, fließendes Wasser vor dem Haus, wenn die Quelle hoch droben gerade sprudelt und der Schlauch nicht verstopft ist, was nicht immer der Fall ist. Links von mir dreht die alte Bäuerin ihre Gebetstrommel und murmelt buddhistische Gebete, rechts von mir spricht ihr Sohn in sein Mobiltelefon.

Im vergangenen Jahr wurden hier die Stromleitungen gelegt, an der Verbesserung der Wasserzuleitungen in die Häuser wird gearbeitet, und die Straßentrassen fressen sich durch die Berge, sind aber immer noch mehrere Tagesmärsche von vielen Dörfern entfernt. Die Frontwelle der Diffusion der globalen Zivilisation wird in kurzer Zeit die Landschaft überlaufen haben. Die uns äußere Beobachter so romantisch-urig anmutende Bauernkultur wird dann der Vergangenheit angehören. Es wird kein zivilisatorischer Gradient mehr zwischen den verschiedenen Landesteilen bestehen bleiben, das „Diffusions-Gleichgewicht", wird hergestellt sein. Die zivilisatorische Vereinheitlichung des Landes wird stattgefunden haben.

Parallel läuft ein anderer Diffusionsprozess: Es verschieben sich die Sprachgrenzen im Zuge der zivilisatorischen Vereinheitlichung. Diese Sprachgrenzen sind, anders als heute in Europa, nur unvollständig auf Landkarten einzeichenbar. Beim Auf-und-ab-Wandern durch das Bergland überschreitet man nämlich innerhalb einer einzigen Stunde manchmal mehrere Sprachgrenzen, heute oft nur noch ehemalige Sprachgrenzen. Diese Sprachgrenzen verlaufen hier häufig entlang Höhenschichtlinien. Steigt man vom Tal zum nächsten Sattel auf, dann wechseln zwar die Menschen im äußeren Aussehen zwischen indischem und tibetisch-mongolischem Typ, sie wohnen in verschiedenen Hausformen, tragen verschiedene Stammesnamen[2] wie z. B. Bhraman, Chhetri, Newari, Gurung, Magar, Tamang oder Sherpa und grenzen sich in ihrem sozialen Verhalten, speziell ihrem Heiratsverhalten, von den Nachbarn 200 Meter drunter und 100 Meter drüber ab. Aber in vielen Gebieten haben die Newaris, Gurungs, Magars und Tamangs in den letzten Jahrzehnten ihre eigenen ursprünglich tibetischen Sprachen aufgegeben. Nepali, eine der vielen Tochtersprachen des rein indoeuropäischen Sanskrits und eng verwandt dem Hindi, der Staatssprache Nordindiens, vorher nur von den Bhramanen und Chhetris gesprochen, hat sich ausgebreitet, ist eindiffundiert.

---

[2] In Nepal wird diese Einteilung als Einordnung in „Kasten" (engl. castes) bezeichnet.

Aber nicht bei allen Stämmen ist die eigene Sprache aufgegeben worden. Die bei uns durch ihre bergsteigerischen Leistungen bekannten Sherpas beispielsweise bewohnen im Osten Nepals die Grenzregion gegen Tibet, also die Täler zwischen den höchsten Gipfeln der Welt, aber auch die obersten Lagen des von Schluchten zerrissenen Vorlandes der Himalaja-Hauptkette zwischen den Höhenschichtlinien 2000 und 3500 Meter. Sie sind erst vor einigen 100 Jahren aus Tibet über die Himalaja-Pässe eingewandert und anschließend langsam in das bergische Vorland diffundiert, haben überall die für die anderen Stämme nicht brauchbaren Höhenlagen kolonisiert. Dies ermöglichten ihnen ihre aus Tibet mitgebrachte Erfahrung in der Yak-Zucht und -Kreuzung und vor allem ihre extrem bescheidenen Ansprüche, speziell in Bezug auf „Heizung". Sie konnten ihre einfachen Höfe daher in Höhenlagen anlegen, wo es den anderen Stämmen ganzjährig einfach zu kalt war, sodass diese höchstens sommerliche Almwirtschaft betrieben.

Ich beobachte diesen Diffusionsprozess, über den die älteren Sherpas hier in den Streusiedlungen in über 2000 Meter Höhe erzählen, mit Faszination. Meine Kenntnis des Nepali ist zwar sehr beschränkt, und von der Sherpa-Sprache, einem tibetischen Dialekt, beherrsche ich gerade die Gruß- und Dankes-Formeln sowie die Einwendung gegen wiederholtes Einschenken von Rakschi, dem manchmal übermäßig konsumierten Sherpa-Schnaps. Aber einige jüngere Sherpas beherrschen die englische Sprache aufgrund ihres wiederholten Einsatzes bei Trekkingtouren als Träger, Köche und schließlich als Sirdars, Führer. Wenn auch ihr Englisch etwas eigenartig und gewöhnungsbedürftig ist. Ich erfahre, dass die Eltern ihrer

Eltern, welch Letztere ich über ihre Söhne als Dolmetscher befrage (die Töchter beherrschen kein Englisch und häufig auch nicht die Staatssprache Nepali), haben die Ausbreitungsfront vorgetrieben. Sie sind vor ungefähr 80 Jahren aus dem Nordwesten gekommen und haben sich anfänglich als Diener bei den Chhetris verdingt. Deren Söhne, eben die, die ich mittels wiederum ihrer Söhne befrage, haben in ihren besten Jahren genug Geld gespart, um von den Chhetris nur im Sommer bewohnte Almen aufzukaufen und dort einfache Häuser zur Dauersiedlung aufzubauen. Sie waren ja viel bescheidener und an raueres Klima angepasst.

Meine Frau und ich streunen, teils mit, teils ohne Führer, kreuz und quer durch das Sherpaland, also durch die Höhenlagen über 2 000 Meter, kommen zwischendurch, wenn wir Täler durchschreiten müssen, in die Wohngegenden der Gurung, Magar, Tamang und Newari. Und in den Talböden, aber auch überall zwischendurch, zu den Siedlungen der Bhramanen und Chhetris, deren angestammte Sprache zur Staatssprache Nepali wurde. Selbst unser Führer, ein Sherpa, muss dort, wo er vorher noch nie gewesen ist, fragen, welchem Stamm die Menschen sich zugehörig fühlen. Wir entwickeln auch selbst einen Blick für die Stammeszugehörigkeit: Die älteren Frauen mit den Nasenringen sind Tamang, ihre ausnehmend hübschen Töchter tragen bestenfalls noch einen Nasenstecker wie auch unsere Töchter in Europa, und wenn es Schneiderinnen gibt, sind wir unter Magars, weil die Regierung den Magar-Frauen eine einschlägige Ausbildung ermöglicht hat. Alle diese Stämme unterliegen dem Diffusionsprozess der Staatssprache Nepali, und ich meine mit meinen beschränkten Möglichkeiten festzustellen, dass sie hier im

Mittelgebirge südlich des Mount Everest kaum noch ihre angestammten Sprachen sprechen, schon allein weil sie, wenn sie mit den Nachbarn ein paar Höhenmeter über oder unter ihrem Haus kommunizieren wollen, sich dieser gemeinsamen Sprache bedienen müssen.

Die Sherpas dagegen, über allen hoch droben über 2 000 Metern thronend und damit separiert, bewahren ihre Sprache. Für ihre Frauen gibt es die Notwendigkeit, etwas Nepali zu sprechen, nur, wenn sie auf dem Wochenmarkt in mittlerer Höhenlage, wo sich die Angehörigen der verschiedenen Stämme mischen, einen Verkaufsstand unterhalten. Die Sherpas haben sich also hier im rezenten Diffusionsgebiet Siedlungsinseln geschaffen, die durch die von anderen Stämmen besiedelten tiefen Talfurchen von der nächsten Sherpa-Insel getrennt sind. Hier gibt es eine immer noch laufende oder bis vor Kurzem bewegliche Ausbreitungsfront, in deren Vorfeld Inseln, „Käfige" entstehen, wie wir das später bei einer neu auftretenden Tierart, der Miniermotte, und bei der Ausbreitung von Seuchen kennenlernen werden.

Bisher waren es Physiker und Mathematiker, die solche Käfig- oder Insel-Phänomene beschrieben haben: Patriarca und Leppänen [Patriarca 2004] die Resistenz kleiner Sprachen, Dirk Brockmann und Kollegen [Brockmann 2006, 2009] die Ausbreitung von Seuchen über unanfällige Gebiete in dicht besiedelte Insel-Gebiete hinein. Ich wage es daher, zuerst ein Käfig-Phänomen direkt aus der Physik dem hoffentlich auch daran interessierten Leser und der geneigten Leserin vorzustellen und auf die Denkanstöße hinzuweisen, die aus den Naturwissenschaften stammen. Es ist ein Beispiel aus meiner eigenen Erfahrung und war der Anlass, mich mit Diffusion im weitesten

Sinn zu befassen, so, wie das bei vielen Forschungen, die in diesem Buch vorgestellt werden, der Fall gewesen ist: Fick wollte wissen, wie durchlässig Zellwände im menschlichen Körper sind und kam auf die Diffusionsgesetze, Brown war daran interessiert, wie Pollen die Fruchtknoten befruchten und fand die Brown'sche Bewegung, ein physikalisches Phänomen, Cavalli-Sforza ist Mediziner und Genetiker und erklärte die Ausbreitung der jungsteinzeitlichen Ackerbau-Kultur, indem er die Diffusionsgesetze dafür anpasste.

Tanz der Atome

Als junger Wissenschaftler an der Münchner Technischen Universität in Garching war meine Aufgabe, eine aufwendige Anlage für andere Forscher am Laufen zu halten und ihre Experimente zu betreuen. Ich werkelte hart und gönnte mir kaum Freizeit. Dabei sollte und wollte ich auch noch selbst Forschungsergebnisse zu erzielen, eine aufreibende Doppelbelastung.

Als ich einmal zufällig nach Mitternacht beim Nachfüllen von Kühlmittel in meine Apparatur einen sonderbaren Effekt bemerkte, ahnte ich gleich, dass dieses Phänomen und was in verschiedensten Richtungen daraus werden würde, mich den Großteil meines Lebens beschäftigen würde.

Um diese Geschichte zu erzählen, muss ich ausholen und zuerst gestehen, dass alles damit begann, dass ich ein Verbot übertrat: Ich hätte in der Nacht diese gefährliche Tätigkeit gar nicht ausüben dürfen, denn die Sicherheitsvorschriften schrieben mit Blick auf die Gefahr der Verätzung oder „Verbrennung" durch das auf minus 269 Grad Celsius abgekühlte flüssige Helium, die Explosionsgefahr bei seiner durch Fehlbedienung denkbaren plötzlichen Verdampfung, die Gefahr der radioaktiven Verseuchung, die Gefahr, in irgendeinen Stromkreis zu kommen und zahlreiche andere vermutete Gefahren die Anwesenheit einer zweiten Person vor. Woher aber diese nach Mitternacht nehmen? Ich war also ganz allein und konnte fantasieren und staunen.

Wir hatten radioaktive Eisen-Atome in einen Aluminium-Metallkristall legiert und anschließend einige von den Aluminium-Atomen durch Neutronenbestrahlung von ihren Plätzen geschossen. Diese „vertriebenen" Atome sind Defekte im Festkörper, eingezwängt zwischen den normalen Atomen. Sie werden deshalb Zwischengitter-Atome genannt. Diese Vertriebenen suchten nun eine neue Heimat und fanden dabei andere Fremdlinge, die Eisen-Atome. Zu denen fühlten sie sich hingezogen – Fremde schließen sich ja häufig zusammen, denn beide stehen unter Zwang, unter äußeren Spannungen, und zusammen können sie diese etwas leichter verkraften –, und diesen Zusammenschluss, diese „Ehe", untersuchten wir. Die Eisen-Atome benutzten wir als „Spione", sie berichteten uns vom Verhalten der in ihre Falle geratenen Vertriebenen, indem sie ein Signal aussandten, mit einem Zählgerät nachweisbare Gammastrahlung, die wir mit dem Mößbauer-Effekt untersuchten.[3] Sie sendeten Information, die wir entschlüsseln konnten. Das war Information, ab welcher Temperatur sich die Defekt-Atome auf die Spione zu bewegten, um sich zu einem Paar oder gar zu größeren „Klumpen" zusammenzuschließen. Information, bis zu welcher Temperatur ihr Zusammenschluss,

---

[3] Beim Mößbauer-Effekt wird Gammastrahlung extrem selektiv von Atomkernen absorbiert, die dadurch in einen angeregten Zustand übergehen. Diese außerordentliche Empfindlichkeit ermöglicht höchst genaue Messungen der atomaren Umgebung und Bewegung in Festkörpern.

sozusagen ihre Ehe, hielt. Information, welchem Anteil der Spione ein Defekt in die Falle gegangen war oder – positiver ausgedrückt – welcher Anteil der Spione einen Ehepartner in Form eines Defekt-Atoms gefunden hatte. Diese Information zu entschlüsseln, war mir mit meinem Mitarbeiter Wolfgang Mansel tatsächlich gelungen.

Diese Entdeckung hatte in der Gemeinschaft der Wissenschaftler, die sich mit „Radiation damage", der Schädigung von Werkstoffen durch Bestrahlung, befasste, einige Aufmerksamkeit erregt, denn der Zusammenschluss von fremden Atomen mit Defekten ist von überragender Wichtigkeit für die Stabilität einer Legierung unter Bestrahlung und daher von erheblichem Interesse für die Technik des Kernreaktors. Die fremden Atome sind Fallen, sie fangen ja Defekte weg, die andernfalls zur Versprödung des Materials führen könnten. Dieser Zusammenschluss, dieses Fallenstellen, „Trapping", wie wir es im Laborjargon mit dem englischen Wort für Fallensteller, trapper, nannten, kann daher von großer Bedeutung für die Wirtschaftlichkeit, aber natürlich vor allem für die Sicherheit der Bauelemente eines Kernreaktors sein.

Für unsere Experimente waren recht tiefe Temperaturen notwendig, mindestens minus 170 Grad Celsius. Darüber löste sich die „Ehe" der vertriebenen Aluminium-Atome und der Eisen-Atome auf. Da ein Kernreaktor nicht bei minus 170 Grad Celsius betrieben wird, war ein technischer Nutzen der Entdeckung nicht gegeben, aber das grundsätzliche Phänomen des Trappings konnten wir erforschen.

Um die tiefen Temperaturen einzuhalten, mussten wir zweimal täglich Kühlmittel in unsere Apparatur nachfüllen, damit unter dem Drang der Natur nach Ordnung sich die in die Falle der Eisen-Atome geratenen Defekt-Atome nicht ganz davonmachten und an die Oberfläche der Probe verschwanden. Diesmal war ich dran, flüssiges Helium, das eine Temperatur von minus 269 Grad Celsius hat, in ein Kältereservoir nachzufüllen, von woher unser Aluminium-Kristall über einen Metallstab, eine metallische „Kältebrücke", seine Kühlung bezog. Es war keine sehr ökonomische Methode, mit einem kleinen Heizdraht die Probe dann selbst so weit zu heizen, dass sie nicht auf minus 269 Grad Celsius, sondern „nur" auf minus 200 Grad war, sodass die vertriebenen Atome beweglich wurden und die Eisen-Atome, unsere Spione, suchen und finden konnten. Denn dabei wurde viel flüssiges Helium verdampft, aber wir hatten damals flüssiges Helium im Überfluss, wir hatten die wahrscheinlich größte Helium-Verflüssigungsanlage der Welt, und es war die einfachste Methode, so verschwenderisch mit dem flüssigen Helium umzugehen.

Wir hatten vereinbart, nicht nur die elektrische Versorgung des kleinen Heizdrahts, sondern auch die elektronische Messung während des Nachfüllvorgangs auszuschalten, weil die Messung durch die Turbulenzen des Nachfüllens gestört werden konnte. Zum Helium-Nachfüllen musste ich mit einem sogenannten „Heber", einer Art Weinheber, aber für flüssiges Helium statt für Wein, daher sehr gut wärmeisoliert, eine Verbindung zwischen Helium-Vorratskanne und Apparatur herstellen. Ob ich vergessen hatte, die Messung auszuschalten, oder ob mich eine instinktive Neugierde trieb, kann ich mich nicht mehr erinnern, denn zu spannend war, was darauf folgte, deshalb hat sich mir die Vorgeschichte nicht eingeprägt. Was ich sah, so erinnere ich mich, ließ mein Herz klopfen: Das einströmende Helium kühlte die Probe weiter ab, und dies bewirkte offenbar, dass das Signal von den Defekten in Fallen sich stark erhöhte.

Es war mittlerweile ein Uhr nachts geworden, ich war sonst bemüht, möglichst schnell den Nachfüllvorgang hinter mich zu bringen, übermüdet noch die drei Kilometer ins Dorf und nach Hause zu fahren. Vielleicht war meine Frau noch wach und wir konnten noch ein Glas Wein miteinander trinken. Und ein bisschen über unsere Zukunftspläne sprechen, ob ich weiter auf der unsicheren Assistentenstelle mit aneinandergereihten Jahresverträgen ausharren sollte.

Aber das Gesehene machte mich hellwach. Dass sich weitere Zwischengitter-Atome auf Eisen-Atome zu bewegt hatten und bisher leer ausgegangene Eisen-Atome diese Zwischengitter-Atome eingefangen hatten, war unmöglich, so viel sagte mir mein Verstand auch noch im übermüdeten Zustand. Tiefere Temperaturen setzen ja die Beweglichkeit herab! Die Erhöhung des Signals musste aber irgendwie mit der Bewegung der eingefangenen Fremdlinge zusammenhängen. Hatten sie bei höheren Temperaturen vielleicht einen Tanz mit ihren Ehepartnern, den Eisen-Atomen ausgeführt, und waren sie dadurch weniger fassbar gewesen? War den Atomen jetzt bei tiefen Temperaturen der Tanz vergangen, waren sie „eingefroren", sodass sie jetzt besser fassbar waren?

Aber warum verließen die tanzenden Paare nicht den Ballsaal, so, wie das Paare tun, die nicht in die Gesellschaft zu passen meinen und verschwanden? Wenn sie doch beweglich waren! Das erschien mir vorerst als Widerspruch und Rätsel.

Bald darauf hatten wir die Erklärung, ich weiß nicht mehr, ob wir sie selbst fanden oder ob sie ein Kollege vorschlug: Die Fremdatom-Defekt-Paare vollführten ihren Tanz in einem „Käfig", aus dem sie bei tiefen Temperaturen nicht entweichen konnten. Peter Dederichs, der in der theoretischen Behandlung der atomaren Bewegung erfahrene und für Neues aufgeschlossene Kollege aus Jülich, zeigte uns die mathematische Behandlung solch eines Tanzes im Käfig [Vogl 1976]. War das eine Diffusionsbewegung in engen Grenzen?

Was ich damals nicht wusste: Bertram Brockhouse [Brockhouse 1955, 1958] hatte in Kanada schon in den Fünfzigerjahren durch die Streuung von Neutronen an Wassermolekülen die Bewegung dieser Wassermoleküle detektiert. Er verwendete also zum Unterschied von uns nicht Spione, die Gammastrahlung aussandten, sondern Sendboten, die er in die Materie schickte und versehen mit Antwort wieder empfing. Aber die Grundlage der Informationsübertragung ist dieselbe wie bei uns.

Die Existenz des „Zwischengitter-Käfigs" war solch eine Überraschung, dass man viel darüber behaupten konnte, aber wenig Ergebnisse aus anderen Experimenten zur genauen Deutung heranziehen konnte. Ich war daher sehr froh, zu erfahren, dass im Osten von Südindien ein junger Mann arbeitete, der unsere Veröffentlichung gelesen hatte und offenbar unseren Käfig in mancher Hinsicht noch aus anderer Sicht betrachtete.

Ich fasste einen etwas ungewöhnlichen Entschluss und überredete meine Frau dazu, mitzumachen. Wir würden eine Konferenz in Bombay (heute Mumbai) besuchen, dort würde ich vermutlich den jungen indischen Kollegen treffen. Sollte er nicht dort sein, würden wir noch weiter nach Südindien fahren und ihn in seinem Institut bei Madras aufsuchen. Ich würde mit ihm lange Gespräche führen. Und um nach Jahren harter Arbeit, die jetzt endlich Früchte versprachen, den Kopf freizukriegen für neue Ideen, wollten wir das Unternehmen als Landreise ausführen.

Auf der Fahrt würden wir die Länder genauer kennenlernen, von denen die Märchen und Abenteuerbücher der Jugend erzählt hatten. Kennenlernen in der Phase eines rapiden Umbruchs in eine neue Zeit. Denn – so viel wussten wir – die technische Zivilisation breitete sich unaufhaltsam auch in diese Märchenländer aus, diffundierte hinein. Das wollten wir erleben! Ich hatte keine Idee, dass 30 Jahre später Physiker und Mathematiker versuchen würden, Ausbreitungsvorgänge dieser Art mit der Physik entlehnten Modelle zu berechnen und vorherzusagen.

Die Reise wurde schließlich ein großes Abenteuer, eine Reise durch den Orient des ausgehenden 20. Jahrhunderts, der immer faszinierender wurde, je weiter wir nach Südosten kamen.

Über die Grenzen

Zum Käfig der letzten Christen der Südosttürkei

Einen echten Campingbus hätten wir uns nicht leisten können. So erstand ich bei einem Gebrauchtwagenhändler einen gar nicht sehr alten Hochraum-Volkswagenbus. Mit der Unterstützung eines befreundeten Schreiners bauten wir ihn zu einem Campingbus ganz nach unseren Vorstellungen um. Mit Bibliothek und Kochnische, mit in ein Doppelbett umwandelbarem Tisch und mit Geheimfächern als Safe.

Das Besondere an der Reise war, dass sie das vage Ziel hatte, den jungen Inder zu finden. Die Route war sonst nicht festgelegt. Auch damals gab es Kriege im Nahen und Mittleren Osten, wir wussten nicht, wo wir tatsächlich durchkommen würden, versahen uns einfach mit vielen Visen und zahlreichen Landkarten und Reisebüchern. Und fuhren los. Würden wir entlang der Südroute der Seidenstraße nach Afghanistan driften, würden wir es wirklich bis nach Indien schaffen?

Reibungslos kommen wir in die Türkei und durchqueren Anatolien von Nord nach Süd, von Istanbul nach

Adana. In Adana ist nicht zu ermitteln, ob die Grenze zwischen der Türkei und Irak ganz hinten im Osten, in Kurdistan, offen sein wird. Aber andererseits können und wollen wir nicht durch Syrien, ein israelisch-syrischer Krieg ist erst seit wenigen Wochen beendet. Kann man wissen, was westliche Ausländer in Syrien zu erwarten haben? Uns beherrscht der Wunsch, in wärmere Gegenden zu kommen – es ist schon Ende November –, aber Indien ist weit. Also riskieren wir die Fahrt ins Ungewisse und verlassen Adana Richtung Osten. Der Euphrat, den wir auf einer hohen Brücke überqueren, die von einer riesigen geschwärzten Mauer umgürtete Kurdenstadt Diyarbakir, dann Haran, wo Abraham geweilt hat und von Christen und Muslims verehrt wird.

Schließlich die Stadt Mardin, angeblich ein Zentrum der letzten Christen in der Türkei. Mardin liegt am Südhang eines steil abfallenden Plateaus, im Süden beginnt Mesopotamien. Wir genießen den Blick vom Nordrand des Plateaus weit nach Süden in den sogenannten „Fruchtbaren Halbmond", aus dem nach Meinung der Archäologen unsere europäische Zivilisation stammt. Die Aussicht von hier oben ist eindrucksvoll: südlich unter der strahlenden Sonne die endlos scheinende mesopotamische Ebene, nördlich das zerrissene, karge, jetzt im Herbst braunrote kurdische Bergland.

Wir fahren weiter in Richtung auf die Grenzstadt Cizre. Es wird immer einsamer, die Fernstraße ist zu einer Schotterpiste geworden. Wird da hinten in der Türkei tatsächlich ein offener Grenzübergang in den Irak sein? Und wie gefährlich ist das unter den Türken berüchtigte Kurdenland für zwei naive Europäer in einem einsamen Campingbus? Selbst die Autobusse, die den Verkehr zwischen den weltfernen Kurden- und Araber-Dörfern herstellen, leiden unter den Straßenverhältnissen. 30 Kilometer östlich von Mardin ein Bus mit Reifenschaden. Ein Mann kommt auf uns zu, spricht uns in gutem Deutsch an. Er ist ein heimgekehrter früherer Gastarbeiter in Deutschland, ein Kurde. Wir sollten ihn doch im Restaurant seines Cousins in Cizre besuchen. Und die Grenze hinter Cizre in den Irak sei offen. Wir sind erleichtert, hier im „wilden Kurdistan" einen Menschen zu finden, der unsere Sprache spricht, und sagen freudig zu. Wenigstens bis Cizre scheint also die Zivilisation zu reichen und die Straße frei zu sein.

Sonst kaum Menschen, einmal ein Ruf aus einem kleinen Gendarmerieposten oberhalb der Straße. Wir halten an und erwarten mit Zagen, was da kommen wird. Ein Gendarm kommt gelaufen – er bittet um Zigaretten. Die schenken wir ihm erleichtert.

Wir haben im Guide Bleu gelesen, dass es hier möglicherweise noch ein christliches Kloster gäbe, Mar Gabriel im Gebiet Tur Abidin, wo es ehemals viele Klöster gegeben hätte. In der Kleinstadt Kertmen fragen wir, und ein Mann ist bereit, mit uns hinzufahren. Zu unserer großen Überraschung ist das Kloster bewohnt. Schwarz gekleidete Mönche stehen auf der Treppe und begrüßen uns. Unser kurdischer Führer wird höflich, aber bestimmt vom Abt zurückgeschickt, und dann werden die Tore des Klostergeländes hinter uns geschlossen. Es dämmert mittlerweile, die Tage sind kurz im Dezember. Der Abt rät uns von der nächtlichen Weiterfahrt ab, die Gegend sei nicht sicher, und lädt uns ein, im Kloster zu bleiben.

Wir nehmen an der Abendmesse teil. Anschließend sitzt und hockt man im teppichbedeckten Gemeinschaftsraum zusammen – der ehemalige Bischof von Midyat, der hier sein hohes Alter verbringt, ruht auf dem Teppich, sein mächtiger weißer Bart umwallt ihn.

Der Abt erzählt von den Problemen des Klosters, den Bemühungen des Weltkirchenrates, finanziell zu helfen, den Schwierigkeiten in der Türkei, solche Hilfe annehmen zu dürfen. Der Abt führt uns durch die ehrwürdigen Räume des kurz nach 400 n. Chr. erbauten Klosters. Es gäbe noch Christen in dieser Gegend, die zufällig nach dem 1. Weltkrieg dem türkischen Staat zugeschlagen wurde. Grund war wohl, dass die Bahntrasse der vor dem 1. Weltkrieg erbauten „Bagdad-Bahn", die im Friedensschluss von Sevres schließlich der Türkei zugeschlagen wurde, südlich dieser Gegend verläuft. Früher, vor 1914, hätte es noch viel mehr Christen gegeben. Sie sprechen aramäisch, die Sprache, die Jesus gesprochen haben soll. Die Bevölkerung sei heute hier überwiegend kurdisch und mohammedanisch. Die Christen, die sich selbst „Assyrer" nennen, leben sozusagen in einem Käfig, umgeben von Muslims.

Vor 10 000 Jahren müssen die Leute hier weltoffener gewesen sein. Ich hatte kurz vor unserer Abreise eine Arbeit des Archäologen Ammerman zusammen mit dem Genetiker Cavalli-Sforza gelesen [Ammerman 1971], die argumentieren, dass vor 10 000 Jahren eine Menschenwalze hier aus dem Norden des Fruchtbaren Halbmondes sich auf Europa zu bewegt habe, die eine technische Revolution auslöste, die Einführung des Ackerbaus im vorher von Jägern und Sammlern durchstreiften Land.

Später werde ich lernen, dass hier in einem Tal bei Diyarbakir die Urform unseres Weizens wächst. Von hier also sollen diejenigen unserer Vorfahren gekommen sein, die die Revolution der Jungsteinzeit ausgelöst haben. Sie haben diese Pflanze gekreuzt, um ihren Ertrag zu erhöhen, und die Pflanze habe sich mit den Menschen nach Westen ausgebreitet. In Griechenland sei es dann schon eine unserem heutigen Weizen ähnlichere Art gewesen, wenn auch mit viel geringerem Ertrag, schließlich sei der Weizen in Mittel- und Westeuropa angekommen.

Eine der vielen Anregungen auf dieser anregenden Reise, später werde ich mich ausführlicher damit befassen. Jetzt ist dazu keine Zeit, denn wir müssen weiter; in Bombay findet ja die Konferenz statt, wo ich erwarte, den jungen Inder zu treffen, von dem ich hoffe, dass wir zusammen den Tanz im Zwischengitter-Käfig besser durchschauen würden, als ich es allein imstande war.

Diffusion von griechischer Kultur und Buddhismus

Herzlich verabschiedet und mit Briefen nach Europa versehen, verlassen wir am nächsten Morgen das gastliche Kloster der letzten Christen in dieser Gegend und machen uns auf zur Grenzstadt Cizre. Unser kurdischer Bekannter erwartet uns wie versprochen in Cizre. Wir unterhalten uns über die Migration der kurdischen Gastarbeiter nach Europa, und ich denke an einen Diffusionsprozess, ohne eine rechte Vorstellung zu haben, ob und wie man ihn modellieren könnte. Vielleicht so wie Ammerman und Cavalli-Sforza die Diffusion ihrer und unserer Vorväter vor 8 000 Jahren modelliert haben, die den Ackerbau mitgebracht haben.

Und dann ist die Grenze tatsächlich offen: Irak und Iran sehr zivilisiert entlang der großen Straßen, Afghanistan wirklich das Märchenland, von dem uns erzählt worden ist. Schließlich sind wir an der pakistanisch-indischen Grenze, aber es bleiben nur noch wenige Tage bis zur Konferenz in Bombay. Wir fahren abwechselnd, manchmal unvorsichtigerweise bis in die Dunkelheit und vor Sonnenaufgang wieder los. Immer auf der Hauptroute Richtung Bombay. Nur einmal kann ich nicht anders: Ich fahre frühmorgens, als meine Frau noch hinten im Bus schläft, von der Hauptstraße nach Osten ab. Dort soll Sanchi liegen, eine der flächendeckenden Zerstörung durch die Muslims weitgehend entgangene buddhistische Stadt, die bis ins 19. Jahrhundert vom Dschungel überwuchert war und erst damals wiederentdeckt wurde.

Sanchi übertrifft die Erwartungen. Nicht nur der zentrale Stupa mit der umgebenden Umfriedung und besonders den reich mit Figuren geschmückten Torbögen, sondern – für den Diffusionsforscher besonders attraktiv – Reste eines griechisch anmutenden Tempels. Diffusion des im Nordwesten des Subkontinents, im heutigen Pakistan, griechisch geprägten Buddhismus, so meine ich schließen zu können, bis hier in die Mitte des indischen Subkontinents. Hier verebbte – das ist mein Eindruck – im 7. Jahrhundert n. Chr. die letzte Diffusionswelle griechischer Kultur als spätes Nachbeben des Tsunami des Alexanderzugs.

Und dann ist der junge indische Forscher nicht auf der Konferenz in Bombay, und Fragen ergeben, dass ihn kaum jemand kennt. Irgendwo im östlichen Südindien, weitab jeder größeren Stadt, baue die indische Regierung mit französischer Unterstützung einen ganz neuen Typ eines Kernreaktors. Alles halb geheim, so meine ich herauszuhören. Und dort gäbe es, sozusagen als Feigenblatt, auch ein kleines Forschungslabor. Was der junge Mann, gerade erst von einem mehrjährigen Auslandsstipendium in den USA zurückgekehrt, wo er seinen Doktor gemacht hätte, dort wohl machen könne, kann man sich im westlich orientierten Bombay nicht recht vorstellen.

Also auf ins südindische Hinterland!

Auf guten, wenn auch schmalen Straßen zuerst nach Süden. Vorbei an den Hippie-Traumstränden in Goa und dann in den indischen Teil-Staat, über den auch in unseren europäischen Zeitungen viel berichtet wird: Kerala, kommunistisch und teilweise christlich. Da sind wir neugierig und müssen nicht lang auf eine Überraschung warten: Eine Straßensperre mit schreienden jungen Leuten. Ich bekomme es mit der Angst zu tun, versuche durchzubrechen und bezahle dies mit einer eingeschlagenen Heckscheibe.

In der nächsten Stadt stellt sich heraus, dass die jungen Leute keine Räuber, sondern Studenten waren, die für eine bessere Autobusverbindung zu ihrer Universität demonstrierten. Ein sehr höflicher Herr spricht mich deutsch an, leitet mich zu einer Autowerkstätte und stellt sich als in Deutschland ausgebildeter Wirtschaftsberater vor, der in der Stadt eine Kanzlei betreibt. Er ist Christ und führt uns nach durchgeführter Reparatur der Scheibe zu einer alten christlichen Kirche, erzählt die Ursprungslegende der keralesischen Christen. Es sei der Apostel Thomas gewesen, der in Indien missioniert hat, daher würden sich die südindischen Christen Thomas-Christen nennen. Eine schöne Geschichte, aber in Wahrheit vermutlich ein Diffusionsproblem. Ich nehme an, das Christentum hat sich in den ersten Jahrhunderten unserer Zeitrechnung diffusiv allmählich auch hier nach Südasien hin ausgebreitet.

Vielleicht mit Ausbreitungsinseln im Vorfeld, vielleicht tatsächlich eine davon vom Apostel Thomas begründet. Anders als der Islam, der im heiligen Krieg mit Feuer und Schwert in wenigen Jahrzehnten riesige Gebiete islamisiert hat, wird das Christentum sich über Missionare allmählich bis nach Südindien ausgebreitet haben. Die Gebiete dazwischen sind später islamisiert worden und dem Christentum verloren gegangen. Aber über die Diffusion von Religionen – auch die Ausbreitung des Buddhismus von Indien über die Seidenstraßen bis nach China, Korea und Japan wäre ein Studienobjekt für wagemutige Modellierer – hat bisher meines Wissens niemand gearbeitet.

Schließlich bringt uns Herr Kurian zu sich nach Hause, wo uns seine deutsche Frau begrüßt. Und drückt mir ein Buch über Max Müller in die Hand, verwundert, dass ich den Namen nicht kenne. Ich lerne: Der deutsche Forscher Max Müller, die längste Zeit seines Lebens Professor in England, genießt in Indien hohe Verehrung unter Intellektuellen. Max Müller war ein Stubengelehrter. Er ist selbst nie nach Indien gekommen, hat Einladungen ausgeschlagen. Er hat im 19. Jahrhundert den Zusammenhang zwischen der heiligen indischen Sprache Sanskrit, der Muttersprache aller nordindischen Sprachen und des Nepali, und den europäischen Sprachen im Einzelnen erforscht und den Indern die Sicherheit gegeben, auf derselben kulturellen Grundlage wie die damals sie unterdrückenden Europäer zu basieren. Also gleiche kulturelle Wurzeln wie die Europäer zu haben, vermutlich sogar die weiter zurückreichende Tradition. Sanskrit ist die Sprache der Veden und der Heldensagen Ramayana und Mahabharata, und beide sind angeblich älter als die Ilias, das Mahabharata ist viel inhaltsreicher und länger als die Ilias. Immer wieder werde ich später in Indien auf Max Müller angesprochen und muss zugeben, zwar eine Ahnung davon zu haben, was er geleistet hat, aber nichts davon gelesen zu haben.

Die Ausbreitung der indogermanischen Sprachen bis weit in den Süden des indischen Subkontinents und bis nach Sri Lanka ist ein besonders faszinierender Vorgang. Wieder war es wohl keine reine Diffusion, vielmehr begann alles mit weitreichenden Volkszügen aus Zentralasien über die Pässe zwischen den Ketten von Hindukusch und Karakorum, worauf im indischen Subkontinent diffusive Ausbreitung des Sanskrit und seiner Tochtersprachen folgte. Wir werden später bei der Ausbreitung amerikanischer Dollar-Noten berichten, wie man solche Ausbreitungsvorgänge als sogenannte „Levy-Flüge" beschreiben kann. Und von der Ausbreitung von Sprachen wird ein späteres Kapitel handeln.

Dattagupta, der Tanz im Käfig und die Diffusion

Schließlich haben wir den jungen Inder, Sushanta Dattagupta in dem kleinen Ort Kalpakkam, 100 Kilometer südlich von Madras (heute Chennai) gefunden. In einigen kleinen Räumen waren einige wenige Wissenschaftler untergebracht. Daneben eine Riesen-Baustelle eines Kernreaktors vom Typ Schneller Brüter. Trippelnde grazile Frauen im Sari, die über hohe Leitern jeweils drei Ziegel trugen und auf diese Weise den Bau hochzogen, und ein verloren wirkender französischer Ingenieur mit riesigen Blaupausen.

Aber Sushanta Dattagupta voll vertraut mit meinem Problem, dem Tanz des Eisen-Atoms im Käfig zusammen mit dem eingefangenen Zwischengitter-Atom. Er hat den Tanz etwas anders betrachtet als wir und Peter Dederichs es getan haben [Vogl 1976], nämlich als Rotation der „Hantel", die Eisen-Atom und Aluminium-Zwischengitter-Atom bilden [Dattagupta 1977]. Und es freut mich, dass er zum gleichen Ergebnis kommt wie wir. Es ist für mich – im tiefsten Indien – eine Bestätigung, dass wir richtig gedacht haben. Wir und andere untersuchen in den folgenden Jahren Eisen-Atome in anderen bestrahlten Metallen und finden immer wieder den Tanz.

Ich lade Dattagupta nach Deutschland ein, denn mein immer auf Neues erpichter Mitarbeiter Winfried Petry, der bisher den Eisen-Tanz in Aluminium und Silber untersucht hat [Petry 1982], hat vorgeschlagen, unsere Experimentier-Technik und unser Wissen zu nutzen, um das Springen der Eisen-Atome bei der Diffusion zu nutzen. Heraus aus dem begrenzten Käfig, dem Tanz-Saal der Eisen-Atome, und hinaus zur Diffusion ohne Grenzen! Und Dattaguptas Theorie ließe sich doch wohl erweitern.

Ausbreitung ohne Grenzen: Wärme und Diffusion

Fourier – Abenteurer wider Willen, Organisator, Administrator, Politiker

Ich holte Sushanta Dattagupta nach Deutschland, und zusammen mit Kurt Schoeder zauberte er eine vollständige Theorie dieser Diffusionsbewegung. Und während Winfried Petry sich mit Erfolg [Mantl 1983, Steinmetz 1986] darum kümmerte, unsere Technik, den Mößbauer-Effekt, auf die Diffusion anzuwenden, suchte ich nach Neuem.

Ich lehrte mittlerweile in Berlin, der ummauerten Stadt, von der kaum jemand erwartete, dass sie zehn Jahre später wieder Hauptstadt sein würde. Die Berge fehlten mir in Berlin. Ich besann mich meiner München-Garchinger Kollegen, von denen nicht wenige mittlerweile in Grenoble forschten. Dort hatte mein ehemaliger Garchinger Chef, Heinz Maier-Leibnitz, die stärkste Neutronenquelle der Welt zur Erforschung fester Materie aufgebaut, und ich durfte dort während mehrerer Sabbaticals, die in der Inselstadt Westberlin den Professoren freigiebig gewährt wurden, erkunden, wie man das Streuen der Atome mit Neutronen ausspionieren konnte. Der Spion war nun kein radioaktives Atom, sondern ein auf die Probe geschossenes Neutron. Ich war nicht der Erste, der das erkundete. Schon 20 Jahre früher hatte Bertram Brockhouse gezeigt, dass man die Bewegung der Wasserstoffatome in Wasser so verfolgen konnte. Dafür sollte er 40 Jahre später den Nobelpreis erhalten. Aber ich war unter den Ersten und wahrscheinlich der Hartnäckigste, der die Bewegung von Metall-Atomen ergründete. Wieder fesselte das Neue, aber es war nicht nur die faszinierende Physik, es war auch die Grenobler Umgebung und Geschichte.

Oft bin ich zu dem alten romantischen Schloss hinaufgestiegen, in dem die Geschichte der Diffusion beginnt. Der Zufall wollte es, dass ich mit meiner Familie 100 Höhenmeter tiefer in einem hässlichen Betonhochhaus wohnte, in das uns das Institut Laue-Langevin einquartiert hatte. Grenoble 1985: eine Stadt im Aufschwung, große Forschungsinstitute sind angesiedelt worden. Als besondere Attraktion und Signal für die angestrebte Internationalität der Stadt die leistungsstärkste Neutronenquelle der Welt, der Forschungsreaktor des Institut Laue-Langevin, etwas außerhalb der Stadt in einem Zwickel am Zusammenfluss der beiden schnellen Gebirgsflüsse Isère und Drac errichtet.

Ich hatte beschlossen, mein Arbeitsgebiet zu wechseln und verband das mit einem Tapetenwechsel. Zwei halbe Jahre arbeitete ich in diesem vorerst französisch-deutschen Forschungszentrum und untersuchte Diffusionsvorgänge in Metallen mit Neutronen.

Als die Geschichte der Diffusion 180 Jahre vorher beginnt, ist Grenoble ein abseits gelegenes kaltes Bergstädtchen, aus dem man sich nur nach Paris sehnen kann. Zumindest ist das die Meinung von Joseph Baptiste Fourier, einem jungen hoffnungsvollen Wissenschaftler, den das Schicksal ausgezeichnet hat, Präfekt des neuen Departements Isère zu sein, dessen Hauptstadt Grenoble war und ist. Das war eine eher administrative Funktion, jedoch mit erheblicher Macht. Fourier aber konnte diese Ernennung kaum als Auszeichnung empfinden; für ihn war das Schicksal einfach ein Befehl Napoleons, dem er sich nicht widersetzen konnte. Denn Fourier war ehrgeizig, karrierebewusst, wenn er auch eine wissenschaftliche Karriere in Paris, nicht als Administrator im Provinznest Grenoble, erstrebte. Fouriers Amtssitz ist unten in der Stadt, aber wenn er sich von den Amtsgeschäften zurückzieht und wissenschaftlich arbeiten will, zieht er hinauf in das Schloss Beauregard, und dort wird wie schon gesagt die Geschichte der Diffusion, der Ausbreitung von Teilchen, beginnen. Die Geschichte beginnt allerdings an einer anderen Stelle des Wissenschaftsgebäudes als Geschichte der Ausbreitung der Wärme.

Wenn ich erschöpft von der Arbeit abends hinaufstieg über die hintereinander gestaffelten grünen Terrassen, die westlich das Becken von Grenoble begrenzen, war es fast unvermeidlich, an Beauregard vorbeizugehen, das auf der untersten Terrasse liegt. Was mich hinaufzog, war der Blick, den man bei schönem Wetter von dort oben auf die hohen weißen Gipfel des Ecrins erhaschen konnte. Die Spitzen von Rateau und Meije, beide fast 4000 Meter hoch, lugen zwischen den Dreitausendern der Grandes Rousses und dem mächtigen Block des Taillefer durch, weil zwischen diesen beiden Massiven das tief eingeschnittene Tal der Romanche den Blick freigibt. Für einen leidenschaftlichen Wanderer ein Traumblick: die Gletscherriesen hinter den verblauenden Vorbergen.

Fourier war kein Wanderer aus Leidenschaft, er wird diesen Blick gar nicht wahrgenommen haben. Ja, wäre Paris in der Ferne zu sehen gewesen! Fourier war ein Reisender auf Befehl. Er war eigentlich gerade erst aus Ägypten zurückgekommen und wollte wieder Professor sein. Nach Ägypten hatte ihn auch ein Befehl Napoleons aus seiner eben erst erfolgreich gestarteten Karriere als Mathematik-Professor an der neuen Eliteschule, der Ecole Normale Polytechnique in Paris, abberufen. Er musste mit Napoleons militärischem Expeditionscorps nach Ägypten, zusammen mit einem Team der besten französischen Wissenschaftler, um alles zu erforschen, was Ägypten bot. Für die Wissenschaftler hatte das Abenteuer erheblich länger gedauert als für den Chef. Der war, als die Sache schiefging und Nelsons Flotte das französische Expeditionscorps von fast jeder Verbindung zur Heimat abgeschnitten hatte, auf einem kleinen Schiff durch die englische Blockade heim nach Paris geflohen. Die Wissenschaftler versuchten das einige Zeit später auch, hatten aber weniger Glück und wurden gefasst und nach Ägypten zurückgeschickt. Fourier, auch ein blendender Organisator, leitet zum Schluss mit seinen 32 Jahren sogar die Wissenschaftler-Mannschaft. Deren Ausbeute wird schließlich viel erfolgreicher sein als die politische: Der Zweisprachenstein von Rosetta wird gefunden und führt zum ersten Ansatz der Entzifferung der Hieroglyphen durch Jean-Francois Champollion. Eine Fülle weiterer Ergebnisse wird nach Hause gebracht, als die Briten schließlich die Wissenschaftler heimreisen lassen.

Jean-Francois Champollion verfolgt mich in Grenoble vorerst mehr als Fourier. Fourier sollte viele Monate seiner Grenobler Zeit der Aufgabe opfern, den vielbändigen wissenschaftlichen Bericht über die Ägypten-Expedition zu redigieren. 1802 soll er dem erst zwölfjährigen Champollion Hieroglyphen gezeigt haben und ihm erklärt haben, dass deren Entzifferung alle Welt interessiere, aber noch niemandem gelungen sein. Fourier war mit Champollions älterem Bruder Jean-Joseph befreundet, einem Professor an der Grenobler Universität, der sich mit alter und neuer Geschichte und alten Sprachen befasste, besonders auch mit dem alten Ägypten. Der jüngere Bruder Jean-Francois verbrachte in Grenoble seine Gymnasialzeit, hielt mit 13 einen Vortrag über die Beziehungen zwischen der modernen koptischen Sprache und dem Altägyptischen, lernte bis zum Abitur nebenbei mehrere alte Sprachen und wurde schon mit 17 in die Grenobler Akademie gewählt. Schließlich fand er den Schlüssel zur Entzifferung der Hieroglyphen, das Wort „Kleopatra", das wiederholt im griechischen und im Hieroglyphen-Text auftauchte. Grenoble war also einst die Hauptstadt der Ägyptologie, wo die Tür in das ägyptische Altertum aufgestoßen wurde. Seit Champollion können die Papyrologen lesen, was 3 000 Jahre lang im Land am Nil geschrieben wurde. Heute dagegen ist Grenoble eine europäische Kapitale der Naturwissenschaft.

Zurück zu Fourier: Auf den 23. Pluviôse des Jahres XI ist das Dekret ausgestellt, das Fourier zum Präfekt der Isère ernennt, denn es galt der Kalender der Französischen Revolution, nach unserer Zeitrechnung ist das der 12. Februar 1802. Fourier macht das Beste aus seiner Funktion, er ist der meisterhafte Organisator, wie Napoleon in Ägypten beobachten konnte. Fourier hat Erfolg als Präfekt und erringt schnell Anerkennung in Grenoble. Und nachdem er seine Stellung gefestigt, die Trockenlegung der Sümpfe von Bourgoin in die Wege geleitet hat – offenbar das größte öffentliche Arbeitsvorhaben Frankreichs in jenen Jahren – und über den Bau einer direkten Straße von Grenoble nach Turin über die Pässe Lautaret und Montgenèvre verhandelt hat, beginnt er sich nach und nach wieder damit zu beschäftigen, was er eigentlich im Leben vorgehabt hatte. Er beginnt über die Theorie der Wärmeleitung nachzudenken.

Im Vorwort zu seinem Mammutwerk, der Analytischen Theorie der Wärme, „Théorie Analytique de la chaleur", das allerdings wesentlich später, nämlich um das Jahr 1820 in Paris verfasst ist [Fourier 1822], also nach dem Ende von Fouriers Stellung als Präfekt im Jahr 1815, beginnt Fourier mit einer Feststellung, die jeder kritische Natur-wissenschaftler immer wieder macht: „Von den letzten Ursachen der Erscheinungen ist uns nichts bekannt, wir wissen aber, dass alle Naturprozesse einfachen und un-veränderlichen Gesetzen unterworfen sind, die man durch Beobachtung klarzulegen vermag. Das Studium derselben ist die Aufgabe der physikalischen Wissenschaft." Und ohne falsche Bescheidenheit fügt er hinzu: „Ich habe mir vorgenommen, in diesem Werk die mathematischen Ge-setze, denen die Ausbreitung der Wärme gehorcht, zu ent-wickeln, und glaube, dass die nachfolgende Theorie einen der wichtigsten Zweige der ganzen Physik ausmachen wird." Und dann rühmt er die damals schon 150 Jahre alte Newton'sche Mechanik, den ersten Durchbruch in der Physik seit dem Altertum, betont aber zugleich, dass die Mechanik keine Anwendung auf die Wirkungen der Wärme habe.[4]

---

[4] Die statistische Mechanik, die dies schließlich doch ermöglichte, wurde erst einige Jahrzehnte später von Maxwell begonnen und von Boltzmann zum Ab-schluss gebracht.

Joseph Baptiste Fourier. © Bibliothèque municipale de Grenoble.

Er schreibt weiter: „Man wird leicht erkennen, wie sehr diese Untersuchungen die Wissenschaften ebenso wie die Praxis interessieren." Und als früher Anhänger der Bedeutung der Solarenergie fährt er fort: „Der der Sonne entspringende Strahlenkegel, in welchem unsere Erde fortwährend verweilt, dringt durch die Luft, den Boden und die Gewässer. Die Abwechslung von Tag und Nacht, das Alternieren der Jahreszeiten bringt in der Wärme des Erdbodens tägliche und jährliche Schwankungen hervor, deren Amplitude umso geringer ausfällt, je tiefer die

Stelle, an der sie vor sich geht, unter der Erdoberfläche liegt."

Aber kehren wir zurück in die Grenobler Jahre. Fourier ist seit 1802 Präfekt in Grenoble. Er ist ob der rauen Winter nicht glücklich, und er vermisst offenbar auch das angeregte Pariser wissenschaftliche Leben, das er in den Jahren vor seiner Abberufung zum Ägypten-Abenteuer als Professor an der Pariser École Normal Polytechnique genossen haben muss. Fourier nimmt offenbar spätestens 1804 seine wissenschaftlichen Untersuchungen wieder auf. Er wiederholt alle ihm bekannten Experimente zur Wärmeleitung, erfindet einige zusätzliche. Und nach einigen fehlerhaften Ansätzen durchschaut Fourier 1807 schließlich das Problem der Wärmeausbreitung in festen Körpern.

Der Präfekt von Grenoble durchschaut die Wärmeleitung

Fouriers geniale Leistung ist die Erfindung des Konzepts des Wärmestromes, den er proportional zum Temperaturgefälle ansetzt. Ich zitiere hier Fouriers Biografen Herivel [Herivel 1975]: „Der Begriff des Stroms als durchfließende Menge pro Flächen- und Zeit-Einheit ist ein so allgemein gebräuchlicher und zentraler in der modernen theoretischen Physik, dass es schwierig, wenn nicht unmöglich ist, das Ausmaß der Originalität abzuschätzen, das zu seiner Konzeption geführt hat." Nun erscheint uns Fouriers Ansatz ja wirklich fast als trivial: Wem sonst sollte ein Strom proportional sein, wenn nicht dem Gefälle? Der Strom des Wassers dem Höhengefälle, der Strom von Teilchen, den wir als Diffusionsstrom kennenlernen werden, dem Konzentrationsgefälle, der elektrische Strom dem Potenzialgefälle, das wir als Spannung bezeichnen, der Wärmestrom dem Temperaturgefälle.

Was also war Fouriers Durchbruch im Jahr 1807?

Am 21. Dezember 1807 wird in der Pariser Akademie eine Arbeit von Fourier verlesen. Die sorgfältig begründete wesentliche Aussage der Arbeit ist: Für einen dünnen Stab, der an einem Ende wärmer als am anderen ist, ist der Wärmestrom proportional dem Temperaturgefälle. Es strömt also umso mehr Wärme durch den Stab, je größer der Temperaturunterschied an seinen beiden Enden ist. Dies war Fouriers Überlegung für zeitlich stabile Temperaturen.

Was geschieht, wenn sich die Temperaturen auch noch mit der Zeit ändern? Um das herauszufinden, kombiniert Fourier die Gleichung noch mit reiner Logik: Wenn sich ein Körper nicht auf stabiler Temperatur befindet, sondern sich abkühlt, dann wird sein Wärmeinhalt abnehmen, es wird also mehr Wärmestrom herauskommen als hineinströmen. Die Abkühlung wird umso schneller sein, je geringer die Wärmekapazität, also die Aufnahmefähigkeit des Körpers für Wärme ist. Mit dieser logischen Überlegung erhält Fourier schließlich die heute nach ihm benannte Wärmeleitungsgleichung, eine Differenzialgleichung, die von überragender Bedeutung ist für alle Isolationsberechnungen bei Bauten, für den Wärmetransport in Motoren usw.

Für den Fall, dass einem Stab in seiner Mitte kurzzeitig Wärme zugeführt wird, ist Fouriers Lösung der Wärmeleitungsgleichung eine glockenförmige Temperaturverteilungskurve entlang des Stabs, die sich mit zunehmender

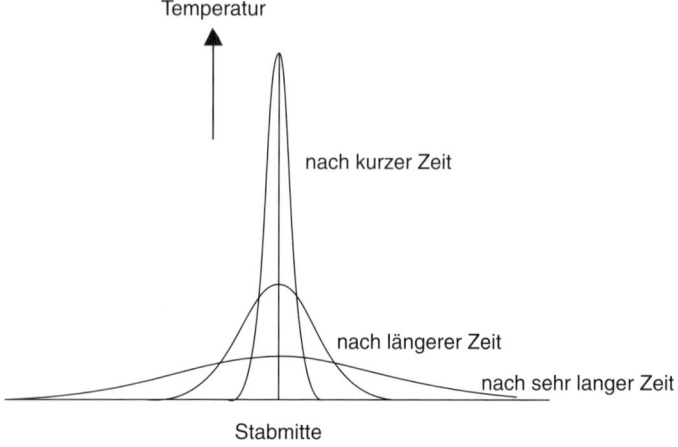

Temperaturverteilung entlang eines Stabs zu verschiedenen Zeiten, nachdem in der Stabmitte Wärme zugeführt worden ist. Die Kurven beschreiben Gauß-Verteilungen und werden auch Gauß'sche Glockenkurven genannt.

Zeit verbreitert. Wir nennen diese Kurve heute Gauß-Verteilung, die Kurve auch Gauß'sche Glockenkurve.

Die Großen der Pariser Akademie verstanden Fouriers Konzept des Wärmestroms nicht wirklich. Der Wissenschaftshistoriker Herivel versucht den Innovationsgrad des Konzepts begreiflich zu machen, indem er Schwierigkeiten schildert, die selbst der „Papst" der theoretischen Physik jener Zeit, Laplace, hatte, es zu akzeptieren. Laplace nämlich kritisierte Fouriers Ansatz, und so sehr er den Jüngeren geschätzt haben dürfte, so ließ er doch Fouriers Arbeit jahrelang unbegutachtet auf seinem Schreibtisch. Er war es – vermutlich zusammen mit anderen großen theoretischen Physikern, Biot und Poisson –, der bewirkte, dass Fourier nach vielen Jahren zur Selbsthilfe griff und das Buch im Jahr 1822 selbst veröffentlichte.

Herivel versucht, sich in Fouriers ältere Kollegen hineinzudenken und nachzuvollziehen, warum die Großen der Pariser Akademie Biot und Poisson, fast genauso berühmt wie Laplace, noch 1816 offenbar eine „emotionale Blockade" hatten. Er meint, Fourier selbst hätte anfänglich nur ein verschwommenes Konzept vom Wärmestrom gehabt und vielleicht mit seiner ersten Arbeit von 1807 die Kollegen kopfscheu gemacht. Möglicherweise gebühre jenen sogar das Verdienst, durch ihre ursprüngliche Skepsis Fourier zu einer präziseren und physikalisch akzeptableren Formulierung veranlasst zu haben. Herivel schließt diese Überlegungen mit der Feststellung: „Dies ist sicherlich ein weiteres Beispiel für eines jener offensichtlich einfachen, fast trivialen Konzepte in der theoretischen Physik, die zu ihrer Formulierung dennoch die Einfallsgabe eines Galileo oder Newton erfordern."

Fourier hat also 1807 den Wärmestrom entdeckt, erfunden, eingeführt. Alle drei Worte passen und passen auch wieder nicht, wenn sie allein stehen, sie passen nicht ganz auf Fouriers neues Konzept. Und weil Fourier nicht nur Physiker ist sondern auch Mathematiker, baut er ein mathematisches Gebäude über seine Erkenntnis, Entdeckung oder Erfindung. Lesen wir, wie er selbst das ausdrückt: „Die Wärme, die den Körpern durch ihre Oberfläche zukommt oder entflieht, folgt ganz besonderen Gesetzen und trägt zu den verschiedenartigsten Erscheinungen bei. Für viele dieser Erscheinungen kannte man die physikalische Erklärung schon lange, die von mir entwickelte mathematische Theorie zeigt aber, wie man sie exakt zu messen vermag. Die Differenzialgleichungen für die Bewegung der Wärme gehören ebenso wie die für die Vibration tönender Körper einem erst jüngst erschlossenen Gebiet der Analyse an, das wohl wert ist, auf das Sorgfältigste durchforscht zu werden. Nach Aufstellung der Differenzialgleichungen mussten ihre Integrale abgeleitet werden. Diese schwierige Berechnung verlangte eine ganz spezielle Analyse, die sich dann auch auf Probleme der Dynamik anwenden ließ, deren Lösung man bisher vergeblich gesucht hatte."

Fouriers mathematische Lösungsmethode für Differenzialgleichungen nennen wir heute die Methode der Fourier-Transformationen. Sie hat große Bedeutung überall, wo Wellenbewegungen, Ausbreitungsvorgänge auftreten – kein Student der Naturwissenschaft und Technik kommt daran vorbei.

Am Ende dieses Berichtes über Fouriers geistige Errungenschaften wollen wir noch überlegen, was da nun eigentlich strömt. Was ist es, das den Wärmestrom ausmacht? Sind es „Wärmeteilchen"? Fourier erschien es bemerkenswerterweise wichtig, eben keine Hypothese darüber aufzustellen, auf welche Weise die Wärme sich fortpflanzt. Fourier sagt, dass er nicht spekulieren möchte, ob der Wärmestrom über Strahlung im Inneren der Festkörper stattfindet, ob ein spezieller Stoff von den Molekülen ausgetauscht wird, oder ob es sich um Schwingungen handelt wie beim Schall. Es wäre vorteilhaft, so schreibt Fourier, sich auf die allgemeinen Tatsachen, die man beobachten kann, zu beschränken. Die mathematische Theorie der Wärme wäre unabhängig von allen physikalischen Hypothesen über den zugrunde liegenden Mechanismus. So hätte er alle Konflikte mit den Kollegen, die so verschiedene Ansichten von der Natur und ihren Wechselwirkungen hätten, vermieden.

Eine unglaublich weitsichtige Einstellung! Es dauerte noch 100 Jahre, bis die vielfältigen Mechanismen der

Wärmeleitung in fester Materie einigermaßen verstanden waren. Schließlich liefert erst die Quantentheorie fast 100 Jahre nach Fourier die Erklärung für die Ursachen der Wärmeleitung auf atomarer Skala: In festen Metallen sind es vornehmlich die Elektronen, die die Wärme transportieren, in Gasen, Flüssigkeiten und in festen Nichtmetallen sind es die Atome selbst, die mit ihren Stößen die Wärme weitergeben. Die „Wärmeteilchen" sind dort Phononen, sogenannte „Quasiteilchen", also die Quanten der Gitterschwingung, ein moderner abstrakter quantentheoretischer Begriff, der sich direkter Anschauung entzieht. Durch Fouriers Beschränkung auf die mathematischen Zusammenhänge blieb seine Theorie zeitlos gültig, und keine moderne Erkenntnis kann sie infrage stellen.

Ein Physiologe entdeckt die Diffusionsgesetze

Im Grunde hatte Fourier schon weit vorausgegriffen, er war in den ersten Jahren des 19. Jahrhunderts dabei, auch die Gesetze zu entwickeln, nach denen sich Teilchen von einem Ort aus verteilen, wie sie diffundieren, also die Gesetze der Teilchen-Diffusion[5]. Doch er hatte ja eben gerade *keine* Annahmen über den Stoff getroffen, der da strömt.

Im Jahr 1855 interessiert sich der Würzburger Physiologe Adolf Fick für dieses Problem. Auch Fick also ein Wanderer zwischen den Wissenschaften, Physiologie, Chemie, Physik.

---

[5] Diffundieren kommt vom lateinischen Wort „diffundere", das bedeutet ausgießen.

Adolf Fick.

Ähnlich wie Fourier reizt es Fick, die ausgereifte Newton'sche Mechanik zu bemühen, die Newton'schen Bewegungsgesetze. Die Grundlagen, auf denen Fick zuerst aufzubauen versucht, muten uns heute skurril an. Er nimmt an, es gäbe zweierlei Arten von Atomen, solche (die „ponderablen"), die dem berühmten allgemeinen Anziehungsgesetz zwischen Massen folgen, das Newton aus der Bewegung der Planeten erschlossen hat, und Aetheratome, die einander abstoßen. Fick macht Annahmen über die Wechselwirkung der Aetheratome miteinander und mit den ponderablen Atomen, besonders über die Abnahme der Anziehung und Abstoßung mit der Entfernung. Auf der Basis dieser Annahmen will Fick den Bewegungsvorgang, der zum Gleichgewicht führt, beschreiben. Fick schreibt in Poggendorf's Annalen [Fick 1855] unter dem Titel „Ueber

Diffusion": „Es wäre jetzt die erste Aufgabe, das Grundgesetz für den Bewegungsvorgang aus den allgemeinen Bewegungsgesetzen herzuleiten. Meine dahin gerichteten Bestrebungen haben indessen keinen Erfolg gehabt."

Darüber müssen wir heute froh sein, denn hier befand sich Fick auf dem Holzweg und hätte seine Zeit vergeudet. Die folgende bahnbrechende Erkenntnis wäre dann erst später entstanden. Also unternimmt der offenbar uneitle Fick etwas sehr Vernünftiges: Er kopiert Fourier, noch dazu, ohne das zu verschleiern, er sagt es sogar ganz offen.

In seiner heute etwas eigenartig und umständlich anmutenden Diktion schreibt Fick weiter „In der Tat wird man zugeben, dass von vornherein nichts wahrscheinlicher sei als dies: Die Verbreitung eines gelösten Körpers in einem Lösungsmittel geht, wofern sie ungestört unter dem ausschließlichen Einfluss der Molekularkräfte stattfindet, nach demselben Gesetze vor sich, welches Fourier für die Verbreitung der Wärme in einem Leiter aufgestellt hat ... Man darf nur in dem Fourier'schen Gesetz das Wort Wärmequantität mit dem Worte Quantität des gelösten Körpers, und das Wort Temperatur mit Lösungsdichtigkeit vertauschen. Der Leitungsfähigkeit entspricht in unserem Falle eine von der Verwandtschaft der beiden Körper abhängige Konstante."

Für die Diffusion entlang einem dünnen langen Rohr leitet Fick nach dem Muster der Fourier'schen Entwicklung für den Wärmestrom die Gleichung für den Diffusionsstrom und die heute nach ihm benannte Diffusionsgleichung her.

Wenn die Substanz von ihrer Eindringstelle nach beiden Seiten diffundieren kann, ist die Verteilung wieder eine Gauß-Verteilung, gleich wie bei der Verteilung der Wärme bei Fourier. Die Verteilung ist umso breiter, das Material verteilt sich also umso schneller, je intensiver die Diffusion.

Adolf Ficks Leistung ist ein schönes – und einfaches – Beispiel für die erfolgreiche Übertragung von Modellen aus einem Gebiet in ein anderes. Die beiden Gebiete können benachbart sein, wie hier der Transport von gedachten „Wärmeteilchen" und der Transport von Materie bei der Diffusion. Die Phänomene können aber auch ganz verschiedenen Wissenschaftsdisziplinen entstammen. Wir werden dies bei der Ausbreitung der jungsteinzeitlichen Ackerbauer und der Indianer und bei der Diffusion von Tieren und Pflanzen sehen.

Fick sagt zu seiner Übertragung „Man darf nur in dem Fourier'schen Gesetz das Wort Wärmequantität mit dem Wort Quantität des gelösten Körpers ... vertauschen". Ficks Wort „nur" bei seiner bewundernswert bescheidenen Feststellung, dass er auf den Schultern des Riesen Fourier steht, ist eine Untertreibung. So eine Modellübertragung erfordert beträchtlichen Mut. Und Glück. Hätte Fick nämlich gewusst, dass Fouriers „Wärmeteilchen" (die dieser allerdings geflissentlich zu postulieren vermeidet, aber im Hintergrund steht natürlich eine derartige Idee) eine naive Annahme für wesentlich komplexere Träger der Wärme sind, die noch dazu völlig verschieden sind in verschiedenen Materialien, dann hätte er die Modellübertragung vielleicht nicht gewagt. Man mag Ironie der Geschichte der wissenschaftlichen Erkenntnis darin sehen, dass bei Fick die Gleichung in einfachen Fällen tatsächlich ohne Wenn und Aber zutrifft, denn die Diffusion von Teilchen folgt Vorstellungen unseres Alltags. Wärmetragende Quanten dagegen, wie die Phononen, erfordern Abstraktion, sie sind – typisch Quantentheorie – zugleich Teilchen und Welle.

Fick war ein praktischer Forscher. Er hat daher seine Gleichungen experimentell überprüft. Er schreibt: „Es standen nun zur experimentellen Bestätigung dieser Differenzialgleichung und folgeweise des oben aufgestellten Grundgesetzes verschiedene Wege offen, die ich sämtlich mehr oder weniger weit betreten habe." Fick wählte ein sehr einfaches System: Er ließ wasserlösliches Kochsalz in einem senkrechten Rohr sich ausbreiten, diffundieren. Er merkte bald, dass er die Bedingungen so wählen musste, dass sich ein Gleichgewichtszustand von selbst einstellte. Dann konnte er die Salz-Konzentration in verschiedenen Höhen feststellen.

„Ich kittete oben und unten offene Gefäße mit dem einen Ende in das andere Gefäß ein, das mit Kochsalz ganz angefüllt war, füllte hierauf das Erstere mit Wasser und stellte hierauf das Ganze in einen großen Behälter mit Wasser ... Es wurde wochenlang sich selbst überlassen und nur von Zeit zu Zeit das Wasser in dem äußeren Behälter erneuert. Da die Bodenschicht – mit dem Reservoir von Salzkristallen in Berührung – fortwährend absolut gesättigte Lösung enthalten, die Oberflächenschicht an das reine Wasser grenzend beständig die Konzentration null behalten musste, so musste sich schließlich ein stationärer Zustand und dynamisches Gleichgewicht herstellen, das dadurch charakterisiert ist, dass jede Schicht im Zeitelement von der vorhergehenden ebenso viel Salz empfängt als sie an die folgende abgibt. Sodass die Konzentration in allen Schichten von der Zeit unabhängig ist. Dieser Zustand erhält sich, wenn er einmal besteht. Die Konzentrationen müssen von unten nach oben abnehmen wie die Ordinaten einer geraden Linie. Diesen Satz bestätigt der Versuch vollständig.

Zur Bestimmung der Konzentrationen senkte ich ein am Waagebalken hängendes Glaskügelchen in die zu untersuchende Schicht und berechnete die spezifische Schwere aus dem Gewicht, welches auf die andere Waagschale gelegt werden musste, um das Kügelchen zu balancieren."

Und schließlich führt Adolf Fick den Begriff der „Diffusionskonstante", auch Diffusionskoeffizient genannt,

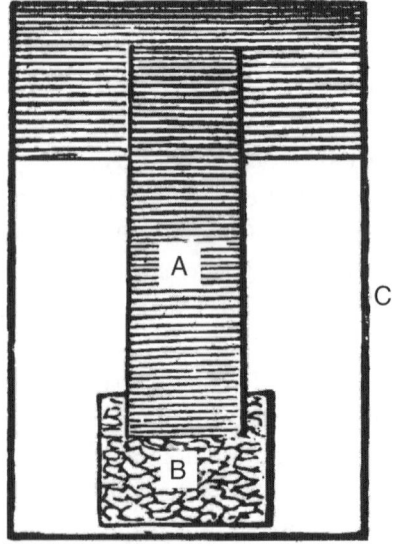

Die Fick'sche Apparatur zur Überprüfung der Diffusionsgleichung. Gefäß B enthält gesättigte Kochsalzlösung, C reines Wasser. In A entsteht durch Diffusion der Konzentrationsgradient, die Salzkonzentration nimmt von unten nach oben ab. Originalabbildung nach Fick (1855).

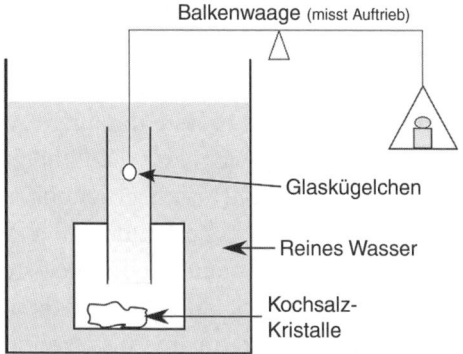

Adolf Ficks Bestimmung aus der Dichte mittels Auftrieb eines Glaskügelchens. Aus dem zeitlichen und örtlichen Verlauf der Salzkonzentration bestimmt Fick die Diffusionskonstante.

ein als Maß dafür, wie schnell Teilchen eines Materials unter den Teilchen eines anderen Materials sich ausbreiten, wie schnell sie diffundieren. Er nennt sie eine „von der Verwandtschaft der Körper abhängige Konstante" und bestimmt zum ersten Mal ihren Wert.

Fouriers Hauptinteresse war die Ausbreitung der Wärme in den Erdboden. Dafür ersann er seine Wärmeleitungsgleichung. Fourier kannte auch schon die Lösung, gerade dazu hatte er sein berühmtes Verfahren entwickelt, das heute jedem, der irgendwie mit mathematischen Methoden zu tun hat, zumindest prinzipiell geläufig ist, die Fourier-Transformation.[6] Wie nun ein *einzelnes* diffundierendes „Wärme-Teilchen" sich verhält, wie weit es nach einer bestimmten Zeit gekommen ist, hätte auch Fourier vermutlich schon sagen können, sagt sich leicht im Nachhinein. Aber Fourier interessiert sich gar nicht für einzelne

---

[6] Ganz absichtlich gehen wir hier nicht auf dieses Verfahren ein.

Teilchen, ja er klammert die Frage, wie die Wärme transportiert wird, ganz absichtlich aus, er betont in der Einleitung zu „Théorie Analytique de la Chaleur", sein Gesetz wäre unabhängig davon. Es musste der junge Albert Einstein kommen, um das Problem zu sehen und zu lösen.

Und Fick? Er stellt die Diffusionsgleichung auf, indem er Fouriers Gesetz für die „Verbreitung der Wärme in einem Leiter" auf die Ausbreitung eines gelösten Stoffes überträgt. Es wäre also Fick durchaus möglich gewesen, hinzuschreiben, wie weit denn im Mittel seine gelösten Teilchen sich in der Stunde, im Tag, in der Woche von ihren Ausgangspunkten entfernt hatten. Das Ergebnis kennen wir heute, es ist in der Abbildung gezeigt.

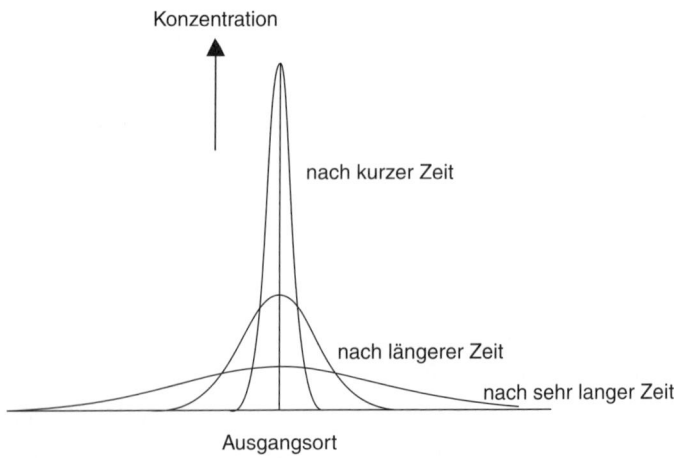

Konzentrationsverteilung des Salzes entlang eines dünnen Rohrs zu verschiedenen Zeiten, nachdem am Ausgangsort Salz zugeführt worden ist. Die Verteilungen sind wie vorher bei Fouriers Temperaturverteilungen Gauß-Verteilungen, die mit zunehmender Zeit immer breiter und flacher werden. Die Fläche unter allen Kurven ist gleich.

Auch Fick interessierte sich nicht für das einzelne Teilchen. Er war ein Wanderer zwischen Würzburg und Zürich, zwischen Physiologie und Physik. Zur Zeit seiner Entdeckung der Diffusionsgesetze war er Professor für Physiologie; ihn interessierten begreiflicherweise physiologische Anwendungen der Diffusion, das Verständnis der Diffusion durch Tierblasen war sein Ziel, die Osmose durch teildurchlässige Membranen. Die reine einfache Ausbreitung ohne teildurchlässige Scheidewände, die reine Diffusion, war für Fick nur Vorstudie.

Die Diffusionswalze

Fouriers und Ficks Aufstellung der Wärmeleitungs- und der Diffusionsgleichungen war das Titanenwerk, auf dem alle moderne Wärmetechnik, alle Materialwissenschaften und vieles mehr basieren. Und wie wir gleich sehen werden, wird auch die Ausbreitung von Lebewesen mit diesen Gleichungen beschrieben und verstanden. Dort kommt eine neue interessante Komponente hinzu: Die „Teilchen", jetzt Lebewesen, vermehren sich. Nun sind die Verteilungen keine Gauß-Verteilungen mehr, die mit der Zeit breiter und flacher werden, denn es kommt ja dauernd neues „Material", es kommen neugeborene Lebewesen hinzu. Die Häufigkeitsverteilung der Lebewesen sieht in einem besonders einfachen Fall so aus wie in der folgenden Abbildung.

Ich blende zurück zu unserer Indien-Reise. Damals waren wir durch Diyarbakir, die Kurdenhauptstadt in der Osttürkei gekommen. Nicht gerade eine fremdenfreundliche Stadt, zumindest in den Siebzigerjahren. Kinder bewarfen uns mit Steinen. Vor 10 000 Jahren müssen die Leute hier weltoffener gewesen sein. Wie schon früher erwähnt, schließen Ammerman und Cavalli-Sforza [Am-

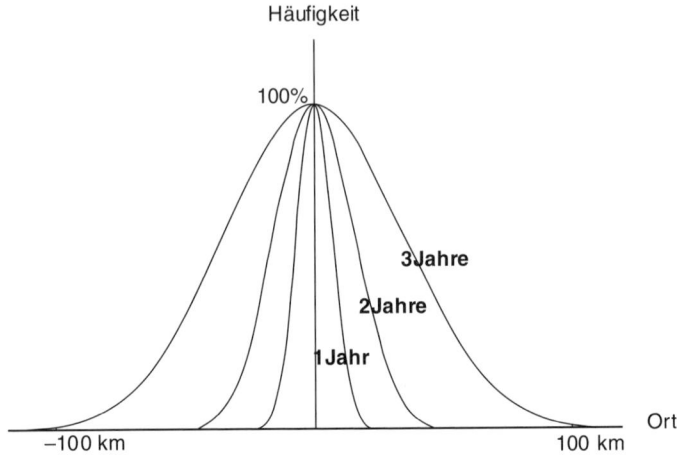

Bei Lebewesen kann deren Häufigkeit pro Fläche sich durch Vermehrung vergrößern. Die Verteilung ist keine Gauß-Verteilung, sondern hat mit der Zeit zunehmend verbreiterte Schultern.

merman 1971], dass vor 10 000 Jahren eine Menschenwalze hier aus dem Norden des Fruchtbaren Halbmondes sich auf Europa zu bewegt habe, die durch eine technische Revolution ausgelöst war, die Einführung des Ackerbaus. Man nennt dies den Übergang zum Neolithikum, der Jungsteinzeit.

Es ist eine kühne Diffusionstheorie, die der Archäologe und der Genetiker der staunenden Wissenschaftswelt präsentiert haben: Albert Ammerman und Luigi Luca Cavalli-Sforza deuteten die Ausbreitung eines Teils unserer Vorfahren, der Leute, die mit dem Ackerbau in Europa begonnen haben, als Diffusionsprozess von Menschen aus dem Nahen Osten [Ammerman 1971, Ammerman 1984, Cavalli-Sforza 2001].

Unsere Vorfahren, die Jäger und Sammler und die Ackerbauer und Viehzüchter

Hier Cavalli-Sforzas Geschichte.

In den Jahren 1948 bis 1950 arbeitet der junge italienische Arzt Luigi Luca Cavalli-Sforza bei Ronald Aylmer Fisher an der Universität Cambridge. Fisher, ein begnadeter mathematischer Statistiker, befasste sich seit Langem mit dem Problem der Ausbreitung von genetischen Mutationen bei Bakterien. In seiner heute berühmten Arbeit aus dem Jahr 1937 „The Wave of Advance of Advantageous Genes" [Fisher 1937] schreibt er sinngemäß: „Betrachten wir eine Küstenlinie[7], die von einer Population gleichmäßig bevölkert wird. Wenn an irgendeinem Punkt dieses Habitats eine Gen-Mutation auftritt, die von Vorteil für das Überleben ist, dann erwarten wir, dass das mutierte Gen … seine Häufigkeit erhöht." Fisher erhält aus Berechnungen der Ausbreitung eines überlegenen Gens, das schließlich allein überlebt, dass diese Ausbreitung einen verhältnismäßig scharfen Frontverlauf zeigt. Hinter der Wellenfront stirbt das Muttergen aus, durch dessen Mutation das überlegene Gen entstanden ist. Fisher stellt für die Ausbreitungswelle eine Gleichung auf: Eine Diffusionsgleichung unter zusätzlicher Berücksichtigung, dass die Häufigkeit des überlegenen Gens auf Kosten des Muttergens zunimmt, dass sich das mutierte Gen bevorzugt durchsetzt.

Hinter der Wellenfront herrscht Sättigung, mehr als 100 Prozent Anteil der mutierten Gene sind nicht möglich. Fisher nennt diese Welle „wave of advance" und findet als Ergebnis, dass die Geschwindigkeit der Wellenfront im

---

[7] Fisher behandelt also das eindimensionale Problem.

asymptotischen Fall hinreichend großer Zeiten konstant ist. Diese Geschwindigkeit ist umso größer, je größer das Produkt aus Diffusionskonstante und Vermehrungsrate des überlegenen Gens ist.[8]

Ich zeige in der Abbildung eine numerische Darstellung des raum-zeitlichen Verlaufs der eindimensionalen Diffusionswelle. Man erkennt, dass unter den gemachten Annahmen dort, wo die Welle losläuft, schon nach einem halben Jahr der Anteil der mutierten Gene den Wert 100 Prozent erreicht hat, die Aufnahmekapazität ist erreicht, mehr geht nicht; auch nach längeren Zeiten kann er nicht mehr weiter steigen. Die Ausbreitung entlang der Fisher'schen „Küstenlinie" in positiver und in negativer Richtung ist symmetrisch, die wave of advance des vorteilhaften Gens läuft also symmetrisch in beiden Richtungen. Man erkennt auch die gut ausgeprägte Wellenfront der Ausbreitung des vorteilhaften mutierten Gens als Steilanstieg seines Anteils.

Es ist interessant, dass Fishers Arbeit trotz seiner Berühmtheit in den ersten 30 Jahren danach kaum beachtet wurde; bis 1950 wird sie nur dreimal von anderen Forschern zitiert. Erst nach einer auf Fishers Theorie fußenden Arbeit von J. G. Skellam im Jahr 1951 [Skellam 1951] über die Ausbreitung von Bisamratten nach deren Einführung in Europa gewinnt auch Fishers Arbeit einen wachsenden Bekanntheitsgrad. Mittlerweile ist sie über 900-mal zitiert, und die Häufigkeit wächst und wächst. Allein 2009, also mehr als 50 Jahre nach ihrer Veröffentlichung, wurde sie über 40-mal zitiert, mehr und mehr von

---

[8] Genauer: Die Ausbreitungsgeschwindigkeit ist das Doppelte der Wurzel aus dem Produkt von Diffusionskonstante und Vermehrungsrate.

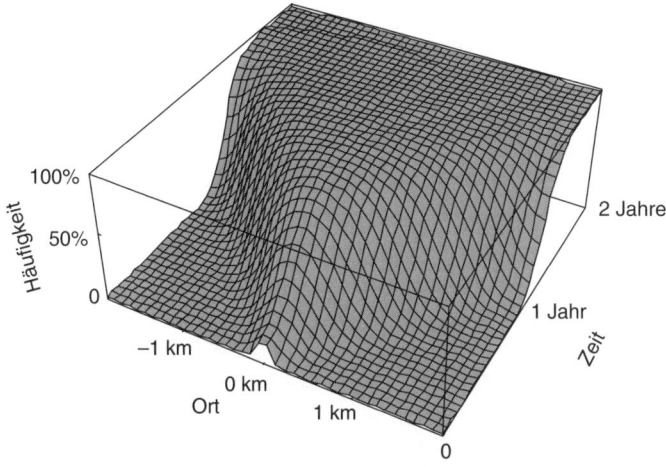

Grafik einer wave of advance mit konstanter Geschwindigkeit entlang einer eindimensionalen Stecke, z. B. einer Küstenlinie. Dargestellt ist die Häufigkeit der mutierten Gene als Funktion von Ort und Zeit. Die Anfangspopulation wurde als eine Gauß-Verteilung mit 10 Prozent am Ursprung, die Diffusionskonstante zu 10 km² pro Jahr, die Vermehrungsrate zu 10 Prozent pro Jahr angenommen. Es ergibt sich eine Geschwindigkeit der Wellenfront von 2 km pro Jahr. Man beachte die steilen Wellenfronten!

Physikern, die auf den Geschmack gekommen sind und ihre Modelle auf interessante Probleme im interdisziplinären Raum anwenden. Solch eine lange Nachwirkung ist außergewöhnlich. Offenbar blicken Fachwissenschaftler zunehmend über den Tellerrand ihrer Spezialdisziplin und interessieren sich dafür, was es sonst an Faszinierendem auf der Welt zu beachten, zu bestaunen und auch zu berechnen gibt. Für sie ist Fachidiotie „out", Dilettantismus im besten Sinne ist „in".

Zurück zu Cavalli-Sforza: Er überträgt nun Fishers Theorie einer „wave of advance", einer Wellenfront der

Diffusion, auf die Ausbreitung menschlicher Gene. Er befasst sich mit der Ausbreitung der Menschen, die den Ackerbau nach Europa brachten. In Albert Ammerman hat er einen Archäologen gefunden, der die „alten Knochen" an der Hand hat.

Wie mag vor ungefähr 6000 Jahren bei unseren Vorfahren die Einführung des Ackerbaus und das damit verbundene Sesshaftwerden vor sich gegangen sein, wie ist die technische Revolution abgelaufen, die zu den Riesenveränderungen führte, die Archäologen als Wende von der Altsteinzeit, dem Paläolithikum, zur Jungsteinzeit, dem Neolithikum[9], bezeichnen? Diese Frage beschäftigt zunehmend die Wissenschaft. Sind diese unsere Vorfahren eingewandert, woher sind sie dann gekommen, und wie hat der andere Teil unserer Vorfahren, diejenigen, die schon da waren, diese Invasion verkraftet?

Die Archäologie arbeitet mit Hinterlassenschaften früherer Menschen oder ihrer Kulturen, und zeigt mit ihrer Hilfe, dass die Ausbreitung (Diffusion) der jungsteinzeitlichen Kultur in Europa von (Süd-)Osten nach (Nord-)Westen über ungefähr 4000 Jahre kontinuierlich verlief.

Vom „Fruchtbaren Halbmond" ging diese Bewegung aus, vielleicht tatsächlich irgendwo von dessen Nordrand im südlichen Anatolien, dem heutigen Kurdistan, denn dort hat man die Urform unseres Weizens gefunden, dort wurde vermutlich der Ackerbau „erfunden". Und dann wie eine Walze über Anatolien, den Balkan, Mitteleuropa nach Westeuropa bis an dessen äußersten Rand und nach Skandinavien. Alles zusammen in 4000 Jahren. Die Geschwindigkeit der Wellenfront ergibt sich daraus zu unge-

---

[9] Man kann eine Übergangsperiode, das Mesolithikum, definieren.

Ausbreitung des Ackerbaus von Anatolien bis Westeuropa nach einem ersten Vorschlag von Clark (1965) [Clark 1965]. Die Karte zeigt die Lage der ersten landwirtschaftlichen Siedlungen, datiert mittels Radiokarbon-Methode. Volle schwarze Kreise: Ackerbauer-Siedlungen vor 5200 v. Chr., graue Kreise 5200 bis 4000 v. Chr., leere Kreise 4000 bis 2800 v. Chr. Die Richtung von Südosten nach Nordwesten und der Ursprung des Ackerbaus im Nahen Osten sind klar erkennbar.

fähr 1 Kilometer pro Jahr und ist nach 4000 Jahren noch die Gleiche wie beim Loslaufen der Welle.

Waren es tatsächlich Menschen, die den Ackerbau mitgebracht haben, waren es Einwanderer, mit denen der Ackerbau, die neolithische Revolution, nach Europa kam? Handelt es sich also bei der Ausbreitung des neolithischen Ackerbaus – wenigstens teilweise – um eine „demische Diffusion", eine Ausbreitung von Menschen? Wie mag

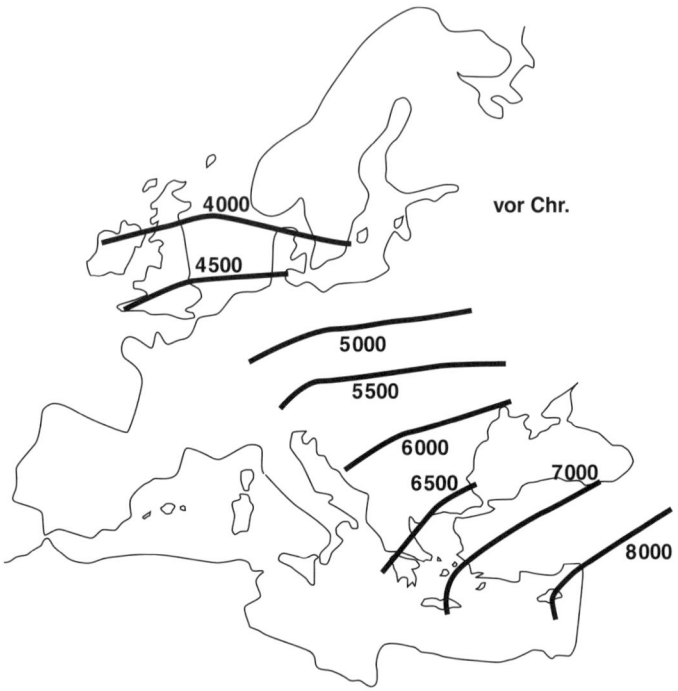

Modernere Darstellung der Ausbreitung des Ackerbaus vom Vorderen Orient bis Nordwesteuropa nach Lenneis (2005).

das Leben der einzelnen Einwandererfamilie abgelaufen sein, die an der Front der Ausbreitung der jungsteinzeitlichen Ackerbaukultur gelebt hat?

Stellen wir uns ein ganz konkretes junges Paar vor, das sich entschließt, eine Hütte zu bauen und das Land rundherum zu bestellen. Im Südosten von den elterlichen Hütten ist das Land schon vergeben und stark besiedelt. Also dann eine Hütte einige Kilometer weiter im Nordwesten bauen, in einiger Entfernung von den Hütten, in denen der junge Mann und die junge Frau aufgewachsen sind.

Dort den Wald roden, sich gegen die bisher hier ungestört streunenden Jäger und Sammler schützen, die sicherlich nicht vorbehaltlos die neue Technologie zu übernehmen und gar den Eindringlingen „ihr" Land preiszugeben bereit sind, in dem ihre Ahnen seit Ewigkeiten gejagt und gesammelt haben. Ist der Neuansiedlungsversuch unseres Paars erfolgreich?

Doch wir kennen nur das Ergebnis dieser Kolonisation, dieser Diffusion, gemittelt über Tausende und Abertausende, ja viele Millionen von einzelnen Familienschicksalen. Über das Schicksal der einzelnen Familie, der einzelnen Gruppe werden wir keine erfolgreichen Ermittlungen anstellen können. Die Geschichtsforschung gestattet keine Wiederholung des Experiments, während die wiederholte Durchführung eines Experiments in den Naturwissenschaften zur Methodik gehört.

Die Naturwissenschaft kann das Einzelereignis ansehen, ob sie den einzelnen Menschen bei der Erkrankung (schöner: beim Schutz vor Erkrankung) beobachtet oder das einzelne Atom bei seiner Diffusion. Der Naturwissenschaftler kann das Einzelereignis sogar immer wieder ansehen, kann die Beobachtung oder den Versuch wiederholen. Meist zwar nicht am selben Objekt, aber an einem gleichartigen, man nennt dieses Überprüfen daher nicht Wiederholen, sondern „Reproduzieren". Und erhält damit objektivierbare Wahrheit.

Wie die einzelne Ackerbauernfamilie diesen Ortswechsel vollzogen hat, werden wir dagegen nie wissen. Doch wird folgendes starkes Argument von Ammerman und Cavalli-Sforza für die Version ins Treffen geführt, dass die Ausbreitung der Ackerbauer tatsächlich so verlaufen ist wie vorher skizziert. Sie nennen den Vorgang demi-

sche[10] Diffusion [Ammerman 1984, Cavalli-Sforza 2001].
Die Erfinder des Ackerbaues, die Jungsteinzeitler oder
Neolithiker sollten schon allein durch ihre überwältigende
Kinderzahl die vor ihrer Ankunft in einem Gebiet dort
nomadisierenden altsteinzeitlichen (paläolithischen) Jäger
und Sammler überrollt haben, sodass deren Gen-Anteil an
der modernen Bevölkerung klein ist. Während eine sesshafte Ackerbauer-Familie ja leicht 10 Kinder haben und
damit ein rapides Bevölkerungswachstum aufweisen kann,
sofern das wirtschaftliche Umfeld es erlaubt, können no-
madisierende Jäger und Sammler, die ihre kleinen Kinder
mittragen müssen, nur vielleicht alle drei Jahre ein Kind
mit Überlebens-Chance in die Welt setzen, ihr Bevölkerungswachstum wird daher sehr gering bleiben.

Ammerman und Cavalli-Sforza meinen, in Bauernfami-
lien sei der Abstand der Geburtsorte von Angehörigen
aufeinanderfolgender Generationen ca. 10 Kilometer, so
weit sind nämlich im Mittel die Geburtsorte der Eltern in
Cavalli-Sforzas Heimat im Bauernland um Parma voneinander entfernt, wie er das den Kirchenbüchern entnom-
men hat, die dort – glückliche kriegarme Gegend – über
Hunderte von Jahren erhalten sind. Cavalli-Sforza meint,
die Mentalität von Bauern hätte sich in den letzten 8 000
Jahren hinsichtlich so wesentlicher Fragen nicht gravie-
rend verändert und nimmt daher an, 10 Kilometer wären
auch für neolithische Bauern eine vernünftige Schätzung
für den mittleren Abstand zwischen den Geburtsorten der
Eltern und denen der Kinder. Für Ackerbauer sei also die
im Mittel während einer Generation zurückgelegte Ent-

---

[10] Von gr. demos, Volk. Demische Diffusion meint daher die Ausbreitung von
Menschen.

fernung 10 Kilometer.[11] Da wir keine direkte Information
über diese Zahl für die Steinzeit-Bauern haben, bleibt uns
nicht viel übrig, als uns an Cavalli-Sforzas Recherche in
den Dörfern um Parma zu halten. Wir machen also die
Annahme: Die mittlere Entfernung vom Geburtsort innerhalb einer Generation sei 10 Kilometer, und eine Generation mag in der Steinzeit 25 Jahre betragen haben.
Das Bevölkerungswachstum in medizinisch gut versorg-
ten Agrargesellschaften kann heute Werte von mehr als
0,03, also 3 Prozent, pro Jahr erreichen. Setzen wir versuchsweise für die jungsteinzeitliche Ackerbauern-Gesell-
schaft solch einen hohen Wert an. Damit erhält man für
die Geschwindigkeit der Wellenfront 0,35 Kilometer pro
Jahr. Das ist zwar nur ein Drittel dessen, was sich aus den
archäologischen Befunden ergibt, aber bei all der Willkür-
lichkeit unserer Schätzungen gar nicht so schlecht.

Seit ungefähr 30 Jahren ergibt sich durch die Fortschritte der Genetik ein neuer Zugang zur Ausbreitung
der jungsteinzeitlichen Kultur und ihrer Träger. Die neue
Wissenschaft, entstanden durch die Zusammenführung
von Archäologie und Genetik, wurde vor einigen Jahren
Archäogenetik getauft.

Der Beitrag der Genetik stammt ursprünglich von Ca-
valli-Sforza und beruht auf dem Vergleich verschiedener
Allele, der Variationsformen von Genen. So kann zum
Beispiel das Blutgruppen-Gen die Allele Blutgruppe A,
Blutgruppe B oder Blutgruppe 0 haben, bei einer Blume

---

[11] Wir nehmen an: Der Jungbauer sucht seine Frau nicht gezielt in einer Richtung, sondern wird nach einem Suchprozess in alle Richtungen (dies heißt in
der Physik: „random walk") dort zugreifen, wo sich eine Passende findet. Diese
10 km sind daher nicht die Geschwindigkeit der Ausbreitungsfront. Diese muss
nach Einstein (nächstes Kapitel) daraus ermittelt werden.

kann das Blütenfarben-Gen die Ausprägungen Blütenfarben-Allel blau oder weiß etc. haben.

Die Variation der Allele eines Ensembles von Genen von Ost nach West, von Nord nach Süd quer über Europa nutzten Cavalli-Sforza und seine Mitarbeiter nun, um die „genetische Distanz" verschiedener Bevölkerungen in Europa zu bestimmen. Sie untersuchten, wie weit die Menschen, beispielsweise auf dem Balkan und in Irland, genetisch voneinander entfernt sind. So wie sich umgekehrt aus der Abnahme dieser Korrelation in einem gegebenen Zeitraum an einem bestimmten Ort die Schnelligkeit der Schwankung der Allele ableiten lässt.

Cavalli-Sforza gab zu bedenken, dass vor Beginn der Jungsteinzeit bei der europäischen Bevölkerung aus Jägern und Sammlern die Bevölkerungsdichte sehr niedrig war. Die Gene einwandernder Ackerbauer mit viel höherer Bevölkerungsdichte können daher bei der darauffolgenden Vermischung mit der vorherigen Bevölkerung nicht völlig verschwunden sein. Wahrscheinlich wäre vielmehr eine allmähliche Verdünnung dieser Gene vom Ausgangspunkt in Richtung der Peripherie der Ausbreitung. Cavalli-Sforza und Mitarbeiter untersuchten ein Bündel von Genen auf ihre Variation in Europa. Einen besonders starken Gradienten fanden sie wieder in Südost-Nordwest-Richtung. Die davon betroffenen Gene fassten sie zusammen in einer sogenannten „ersten Hauptkomponente" der Genvariation. Diese Variation zeigt die Landkarte, die mittlerweile ein Ikon der genetischen Ausbreitungsforschung geworden ist. Aus der Dichte der Schraffuren (ganz schwarz im Nahen Osten, zunehmend heller über Anatolien, den Balkan, Mitteleuropa, Westeuropa, britische Inseln und Skandinavien), aber auch entlang der

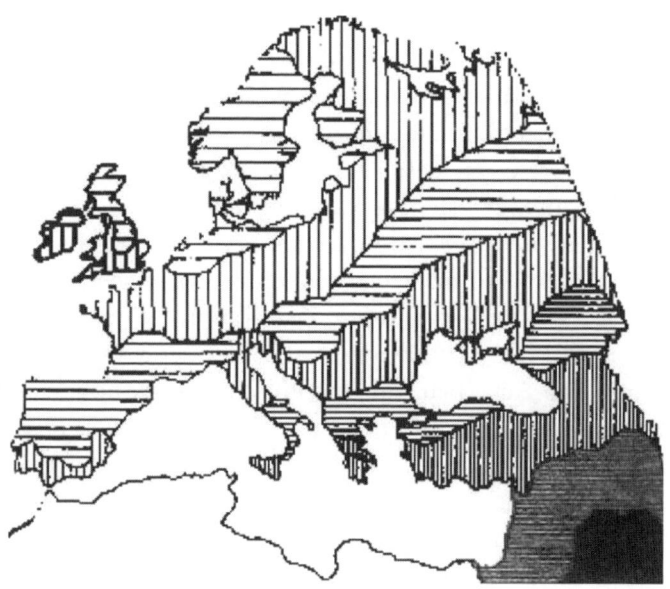

Synthetische genetische Landkarte Europa, erste Hauptkomponente. Die Stärke der Grautöne und die verschiedenen Schraffuren sollen qualitativ die Genvariation gegenüber dem Nahen Osten darstellen [Ammerman 1984].

Nordküste des Mittelmeers kann man die Verdünnung der nahöstlichen Gene mit zunehmender Entfernung vom Nahen Osten ablesen.

Das wesentlichste Ergebnis, das Cavalli-Sforza und Mitarbeiter herauslesen: Durch die genetische Vermischung der aus Südosten kommenden Einwanderer mit der Vorbevölkerung entsteht in Europa ein Gradient bei der Ausprägung der Gene von Südosten nach Nordwesten: von den Genen, die noch heute der nahöstlichen Bevölkerung eigen sind, zu denen von Menschen in einem der westlichsten Ecken Europas. Diese Menschen meinen die Forscher in den besonders isolierten Basken gefunden zu haben, schon allein weil deren Sprache, die einzige nicht indogermanische in ganz Westeuropa, sie von den umgebenden Bevölkerungsgruppen isoliert. Sie nehmen versuchsweise an, dass die nahöstlichen Gene bei den Basken am wenigsten angekommen sind.[12] Die Genetik ergibt also den gleichen Gradienten wie die Archäologie, und daraus kann man nun den vorsichtigen Schluss ziehen, dass es tatsächlich Menschen waren, die den Ackerbau mitgebracht haben, dass es Einwanderer waren, mit denen der Ackerbau, die neolithische Revolution, nach Europa kam, dass also demische Diffusion ablief. Denn „kulturelle Diffusion", also das Erlernen der Technik des Ackerbaus von den Nachbarn, hätte ja nicht zum Gen-Gradienten geführt.

Wir wollen Cavalli-Sforzas Argumente noch einmal zusammenfassen. Die Entwicklung der Ackerbauer könnte nach folgender Beziehung abgelaufen sein:

Zunahme der Zahl der Ackerbauer mit der Zeit durch Einwanderung, Vermehrung bis zur Grenze der Aufnahmefähigkeit des Ökosystems. Dadurch entsteht eine mit gleichbleibender Geschwindigkeit laufende *wave of advance* des Ackerbaus, eine Ausbreitungsfront, hinter der das Gebiet bis zu seinen Ertragsgrenzen landwirtschaftlich genutzt ist, sodass sich dahinter die Bevölkerung nicht weiter vermehren kann.

Heute verfügen die Archäogenetiker mit der Methode der Sequenz-Analyse über ein wesentlich weiteres Spektrum an genetischer Information, als es vor 30 Jahren

---

[12] Man könnte daraus schließen, dass die Basken länger Jäger und Sammler geblieben sind als der Rest der Europäer.

Cavalli-Sforza bei seinen ersten Arbeiten zur Verfügung gestanden ist. Interessant sind die sogenannten nicht re-kombinierenden Gene, wie die Gene des Y-Chromosoms, über das nur Männer verfügen oder der mitochondrischen DNA (mtDNA), die sich nur über die Frauen vererbt. Nicht rekombinierend bedeutet, dass sich das Gen bei der Paarung nicht ändert, es wird unverändert vom Vater auf den Sohn und nur auf den Sohn bzw. von der Mutter an die Tochter übertragen.

Das Y-Chromosom ist klein, es hat „nur" 60 Millionen Basenpaare, und es mutiert selten. Manche Mutationen des Y-Chromosoms sind nur einmal während der mensch-lichen Evolution aufgetreten. Man nennt dies „unique event polymorphism", also Polymorphismus, ausgelöst durch ein einziges Mutationsereignis. Auf der Basis dieser wenigen Mutationen, die sich in sogenannten „Markern" auf den Genen zeigen, können recht eindeutige „Stamm-bäume" erschlossen werden.

Eine große Gruppe von Genetikern aus verschiede-nen Ländern [Semino 2000] hat schon vor einigen Jah-ren gefunden, dass der Anteil der heute lebenden Männer mit den Gen-Markern M89, M172 und M201 auf dem Y-Chromosom im Nahen Osten und besonders im Kau-kasusgebiet 70 Prozent und höher ist und Richtung West-europa auf weniger als 10 Prozent abfällt. Dagegen finden sich die Gen-Marker M173 oder M17 bei heute lebenden westeuropäischen Männern zu mehr als 70 Prozent, wäh-rend im Kaukasus und im Nahen Osten nur 10 Prozent der Männer sie besitzen. Man kann die Gen-Marker M173 und M17 also versuchsweise unseren paläolithischen Ah-nen zuordnen, deren Erbe im europäischen Westen viel weniger ausgelöscht wäre als weiter im europäischen Osten. Die Gen-Marker M89, M172 und M201 kann man reziprok dazu den aus dem Nahen Osten eingewanderten Vorfahren zuordnen.

Das sind Informationen aus der heute lebenden Bevölkerung. Umstritten ist natürlich, wie die Ausgangspopulationen ausgesehen haben. Kann man wirklich einerseits – im Osten – die Gene der Menschen in Syrien und im Libanon als Vergleichsbasis heranziehen, andererseits – im Westen – die Gene der Basken? Haben die einwandernden Ackerbauer das Erbgut transportiert, das heute noch im Nahen Osten vorhanden ist, und welcher Teil der baskischen Gene ist noch paläolithisch, stammt also von der Bevölkerung, die vor dieser Einwanderung durch Europa streifte?

Wie sahen also die Ausgangsverteilungen auf beiden Seiten aus, die Gene der einwandernden Ackerbau betreibenden Menschen aus dem Nahen Osten und die Gene der paläolithischen Vorbevölkerung, die Jagd und Sammeln als Wirtschaftsgrundlage hatte? Eine einfache Antwort wird es nicht geben, darüber ist man sich einig. Es sei denn, man schafft es, die Gene in Skelettresten aus dem Paläolithikum und dem Neolithikum zu identifizieren, ein „Lotteriespiel mit alter DNA", wie es der Genetiker Underhill vor einigen Jahren wegen der Unsicherheiten bei der Sequenz-Analyse solcher lange Zeit Umwelt- und Ausgräber-Einflüssen ausgesetzten Knochen bezeichnete.

Neuere genetische Arbeiten aus dem Baskenland selbst sind kontroversiell, was die Basken als Referenz für den Genpool der Paläolithiker betrifft. Während Bauduer und Kollegen [Bauduer 2005] aus der Verteilung der Blutgruppen und dem Auftreten typischer Erbkrankheiten bei den

Basken deutliche Hinweise auf Unterschiede zu den anderen Europäern sehen wollen, meinen Alonso und Kollegen [Alonso 2005], dass eventuelle Unterschiede darauf zurückzuführen sind, dass die Basken eine seit langem abgekapselte Gemeinschaft mit geringer Bevölkerungszahl sind. Darüber hinaus können sie keine Unterschiede bei den von ihnen untersuchten Gen-Markern auf dem Y-Chromosom mit den restlichen Europäern feststellen.

Rein demische Diffusion, die Einwanderung von Ackerbauern, denen die nomadisierenden Eingeborenen hilflos unterlegen waren, hat tatsächlich in Nordamerika nach seiner Entdeckung durch die Europäer stattgefunden. Es war besonders die Siedlungspolitik, die seit ungefähr dem Jahr 1800 von den Vereinigten Staaten betrieben wurde. Sie wurde kräftig unterstützt durch die überlegene Waffentechnik der Zuwanderer und durch eingeschleppte europäische Krankheiten, gegen die die Indianer keine Abwehrkräfte hatten, weil bis zum Jahr 1500 der Atlantische Ozean nicht nur Invasoren, sondern auch Bakterien von der Invasion abgehalten hatte. Daher hatte es keinen Anlass zum Aufbau von Immunität gegeben. Schließlich sind die nordamerikanischen Indianer weitgehend ausgerottet worden, und kaum irgendein Erbmaterial der Indianer ist beim durchschnittlichen Nordamerikaner vertreten. Allerdings war der „Go West" der Siedler keine Diffusion, sondern eine Drift in eine Richtung, in den Westen.

Zum Unterschied von den Bedingungen bei der Eroberung Nordamerikas durch die Europäer wissen wir nichts von überlegener Waffentechnik der jungsteinzeitlichen Invasoren – es ist eher wahrscheinlich, dass die paläolithischen Jäger die höher entwickelte Waffentechnik hatten.

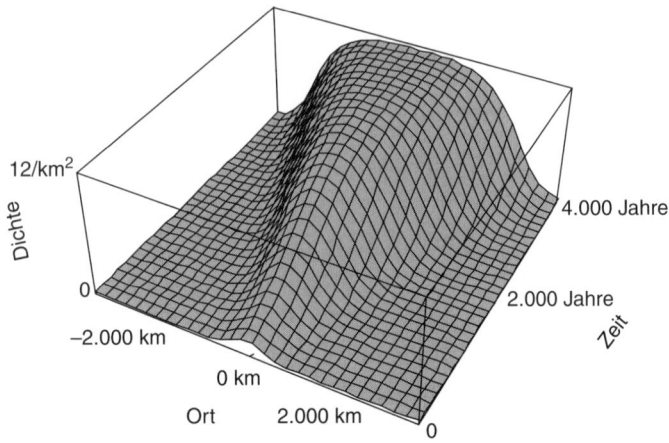

12/km²

Dichte

0

4.000 Jahre

2.000 Jahre

−2.000 km

0 km

Ort   2.000 km

Zeit

0

Simulation der Zunahme der Bevölkerungsdichte der Ackerbauer als Funktion von Ort und Zeit unter den vorher beschriebenen Annahmen und in einer Richtung. Dabei wurde der Diffusionskoeffizient von Jägern/Sammlern dem Zehnfachen der Bauern gleichgesetzt, die Wachstumsrate der Bauern fünfmal, die Aufnahmekapazität des Ökosystems für Bauern zehnmal der für Jäger/Sammler angenommen. Die Zuwachsrate der Bauern durch Übergang aus welchen Gründen auch immer (Heirat zwischen Ackerbauern und Jägern/Sammlern, bloße Kultur-Übernahme) von Jägern/Sammlern zu Bauern ist proportional dem Produkt aus den beiden angenommen.

Wir wissen nichts von eingeschleppten Krankheiten – auch hier ist solches eher unwahrscheinlich, denn es hatte auch vorher kein Ozean zwischen den nun aufeinandertreffenden Gruppen gelegen. Dennoch: Die Zahl der Kinder bestimmt weitgehend die längerfristige Durchsetzung. Cavalli-Sforzas ursprüngliche Annahme demischer Diffusion ist also sicher nicht verfehlt, aber wahrscheinlich gab es Durchmischung und Übernahme der Ackerbau-Technologie durch die paläolithische Vorbevölkerung.

Wir können versuchen, die Durchmischung von einwandernden Ackerbauern (Neolithikern) mit bereits durch Europa streifenden Jägern und Sammlern (Paläolithikern) abzuschätzen. Die Abbildung zeigt eine Simulation unter gewählten Bedingungen, über die wir tatsächlich sehr wenig wissen, in Südost-Nordwest-Richtung.

Diese Rechnungen dienen nur zur Veranschaulichung. Sie simulieren zwar – unter den gemachten Annahmen über Verbreitung, Vermehrung und Verheiratung bzw. Konversion –, wie schnell in bestimmten Abständen vom Ausgangspunkt in Anatolien sich der Ackerbau bei demischer Diffusion durchgesetzt haben könnte, sie geben aber keinen Aufschluss darüber, wie viel Erbsubstanz der Paläolithiker tatsächlich bei uns Europäern verblieben ist.

Wie viele nahöstliche Gene haben wir tatsächlich?

Lunes Chikhi und Mitarbeiter aus London und aus Ferrara haben aus raffinierten wahrscheinlichkeitstheoretischen Überlegungen geschlossen, dass im Mittel 50 Prozent der europäischen Gene, genau genommen der untersuchten Gene des männlichen Y-Chromosoms, aus dem Nahen Osten diffundiert sind, mehr auf dem Balkan, weniger im Westen Europas [Chikhi 2002].

Bisher haben wir über die Erbsubstanz in den Genen des Y-Chromosoms gesprochen, die nur in männlicher Linie weitergegeben wird. Wie sieht es mit der Erbsubstanz aus, die nur in weiblicher Linie vererbt wird? Dabei handelt es sich, wie schon vorher erwähnt, um Gene der mtDNA, der mitochondrischen DNA. Auch aus Untersuchungen der mtDNA gibt es mittlerweile Zweifel an dem hohen Anteil nahöstlicher Gene in unserem Erbe. Richards und Mitarbeiter [Richards 2000, Torroni 2006] haben aus Gen-Analysen der mtDNA, geschlossen, dass demische Diffusion höchstens zu 25 Prozent zum Genpool – jedenfalls zum weiblichen Anteil – der modernen Europäer beigetragen hat. Nun ist es ja nicht undenkbar, dass die Männer beweglicher waren und dass unsere männlichen Vorfahren zu 50 Prozent aus dem Nahen Osten stammen, die weiblichen aber nur zu 25 Prozent. Richards und Kollegen meinen, dass die Mehrheit der mtDNA-Stämme in mehreren Wellen im späteren Paläolithikum nach Europa eingewandert wäre, speziell aus eiszeitlichen Refugien auf der iberischen Halbinsel.

Aber es gibt noch mehr Anlass zur Skepsis bezüglich des hohen Anteils nahöstlicher Gene in unserer Erbsubstanz: In Computer-Simulationen haben Mathias Currat und Laurent Excoffier explizit die „Einheiratung" von Jäger-Sammler-Individuen in Ackerbauer-Familien berücksichtigt [Currat 2005]. Die Autoren simulieren die Entwicklung über 10 000 Jahre, die sie mit 400 Generationen gleichsetzen, wobei sie davon ausgehen, dass nach dem ersten Einwanderungsschub aus dem Nahen Osten keine Einwanderer mehr nachkamen.[13] Sie erhalten das auf den ersten Blick verblüffende Ergebnis: 0,375 Prozent mittlere Einheiratung von Mitgliedern der altsteinzeitlichen oder eher mittelsteinzeitlichen Jäger-Sammler-Bevölkerung pro Generation in Familien der kolonisierenden Ackerbauern

---

[13] Physiker nennen solch einen Diffusionsvorgang Diffusion bei erschöpflicher Quelle. Solch ein Vorgang führt zu einer Gauß-Verteilung. In der Physik wird davon unterschieden die Diffusion von einer unerschöpflichen Quelle aus, deren Ergebnis keine Gauß-Verteilung ist.

aus dem Nahen Osten würde verhindert haben, dass neolithische Gene durch ganz Europa diffundierten. Man kann daraus schließen: zwar „demische Diffusion", aber keine „demischen Konsequenzen" der Einwanderer bei heutigen Mittel- und West-Europäern, falls die restriktiven Annahmen von Currat und Excoffier zutreffen.

Der Archäologe Peter Bellwood [Bellwood 2001] hat darüber hinaus zu bedenken gegeben, dass doch wohl auch die Jäger und Sammler des späten Paläolithikums, das manchmal als Mesolithikum bezeichnet wird, schon erste Versuche mit dem Anbau von Pflanzen unternommen haben werden, dass die harte Ausbreitungsfront nicht der Realität entsprechen könnte.

Aber nun gibt es erste Ergebnisse des „Lotteriespiels mit den alten Knochen":

Durch die Fortschritte der Genetik ist es nun auch erstmals möglich, die DNA in neolithischen und sogar paläolithischen Skeletten zu analysieren, Letztere mehr als 15 000 Jahre alt. Wir sind also nicht mehr allein auf Schlüsse auf die Vergangenheit aus Parametern der gegenwärtigen Bevölkerung angewiesen. Eine international zusammengesetzte Gruppe um Forscher von der Universität Mainz hat 2005 erste Sequenzanalysen an der mtDNA an 24 neolithischen Skeletten von 16 mitteleuropäischen Ausgrabungen veröffentlicht [Haak 2005]. Die Forscher fanden, dass 25 Prozent der Proben (also 6 Skelette) einen charakteristischen mtDNA-Typ hatten, der heute in Europa nur noch mit 0,2 Prozent Häufigkeit auftritt. Sie schlossen, dass wir heutigen Europäer im Wesentlichen von den paläolithischen Europäern abstammen und dass der Einfluss der neolithischen Einwanderer verebbt ist, sei es, weil Kultur-Diffusion der Haupteffekt war, sei es, weil es, wie Currat und Excoffier simulieren, durch Vermischung und mangelnden Nachschub aus dem Nahen Osten zu einer sehr starken Verdünnung der nahöstlichen Gene kam.

In einer jüngst veröffentlichten Arbeit [Bramanti 2009] relativiert die Mainzer Gruppe ihre Schlüsse. Nun haben sie auch mehr als 20 paläolithische und mesolithische Skelette (Letztere aus der Übergangszeit zwischen Paläolithikum und Neolithikum) aus Mittel- und Nordosteuropa unter größten Vorsichtsmaßnahmen untersucht. Es muss dabei nachgewiesen oder wenigstens wahrscheinlich gemacht werden (Lotteriespiel!), dass keine Kontamination mit den Genen der Menschen stattgefunden hat, die mit der Forschung an den Skelettresten befasst waren, also von Ausgräbern, Museumskustoden und vor allem den Mitgliedern des Teams, das die Sequenz-Analysen in den paläolithischen Knochenresten und Zähnen durchgeführt hat. Das Ergebnis: Bei den paläolitischen Proben findet sich überwiegend (zu 82 Prozent) ein Gentyp, der bei den Neolithikern und den heutigen Mitteleuropäern zu wesentlich weniger als 10 Prozent auftritt. Damit wird wahrscheinlich, dass weder die Neolithiker noch wir heutigen Mitteleuropäer zu einem größeren Anteil von den alt- und mittelsteinzeitlichen Jägern und Sammlern abstammen. Die Autoren drücken sich vorsichtig aus: Sie schreiben nun, dass unsere Abstammung von den Neolithikern unter bestimmten demografischen Bedingungen erklärt werden kann. Sie betonen, dass weitere DNA-Analysen von Proben neolithischer Ackerbauer aus Südosteuropa und Anatolien das nächste Forschungsziel sein sollten. Noch ist also die Statistik bescheiden, aber wir können erwarten, dass die Fortschritte der Genetik an archäologischen Proben bald noch viel mehr Daten liefern werden.

Schließlich sei noch auf eine vermutete interdisziplinäre Querbeziehung zwischen Genen und Sprachen hingewiesen: Der Archäologe Colin Renfrew [Renfrew 2000/1] versucht, die Wanderungsbewegungen auch aus der Auseinanderentwicklung der Sprachen zu erschließen. Renfrew meint, dass die Linguistik für die Ausbreitung der indogermanischen Sprachen eine gleiche Ausbreitungsrichtung und den gleichen Zeitraum vermuten lässt wie die Ausbreitung des Ackerbaus. Er behauptet, er könnte die Ausbreitung der indogermanischen Sprachen mit der jungsteinzeitlichen Revolution, der Durchsetzung der Ackerbaukultur, in Verbindung bringen. Unsere Vorfahren hätten sich – so sagen Forscher um Renfrew – mit jener neuen Technologie, dem Know-how des Ackerbaues, ausgestattet wie eine Dampfwalze von Anatolien aus über Europa ausgebreitet. Mit der Geschwindigkeit von ungefähr einem Kilometer pro Jahr hätten sie in wenigen 1 000 Jahren Europa bis zu seinen westlichsten Ecken überrollt und dabei ihre Sprache, das Indogermanische, mitgebracht. Im Laufe der Jahrtausende hätte sich diese verändert: Keltisch ist nicht gleich Italisch, dem Ursprung von Latein und damit der romanischen Sprachen, und Ur-Germanisch, Ur-Slawisch und Ur-Baltisch sind wieder deutlich anders. Im vorletzten Kapitel dieses Buchs werden wir diese Frage diskutieren.

Eine Flut von Arbeiten ist als Folge von Ammermans und Cavalli-Sforzas Diffusionsmodell entstanden. „Demische oder kulturelle Diffusion?" – diese Frage ist ein Dauerbrenner geworden. Mit dem rasenden Fortschritt der Genetik eröffnen sich immer neue Zugänge, die Diffusionsgeschichte gerät fast in den Hintergrund. Auf diese aber wollen wir uns hier konzentrieren, die detaillierten komplizierten und bisher alles andere als eindeutigen Befunde zu unserer sicherlich sehr vermischten Vergangenheit können von einem Diffusionsforscher nicht abgehandelt werden, dazu muss auf die umfangreiche genetische Literatur verwiesen werden [z. B. Underhill 2007].

Das Rätsel der schnellen Indianer – ein Diffusionsprozess?

Wie sich die Einwanderer ausgebreitet haben, wird in den letzten Jahren auch für andere Kontinente diskutiert.

Wer waren die ersten Amerikaner, und wie sind sie eingewandert? Diese Geschichte ist fast so spannend wie ein Abenteuerroman, und manche vorläufige Erklärung bedarf noch weiterer detektivischer Recherchen und Überlegungen. Es gibt bisher keine endgültigen Antworten. Vielleicht wird es sie nie geben.

Mit der Radiokarbon-Methode[14] wird festgestellt, dass die ältesten Funde menschlicher Herkunft in Alaska ungefähr 14 000 Jahre alt sind. Es gibt nicht viele Fundstellen, aber von einigen ist das Alter sehr verlässlich bekannt. Die Archäologen[15] glauben daher, dass ungefähr vor 14 000 Jahren eine kleine Gruppe sibirischer Jäger mit ihren Familien über die Steppe von Asien nach Amerika gewandert ist, von der ostsibirischen Tschuktschen-Halbinsel nach Alaska. Diese Menschen sind wahrscheinlich tatsächlich gewandert, zu Fuß gekommen, denn dort, wo heute eine

---

[14] Die Methode verwendet das Kohlenstoff-Isotop ^{14}C als Tracer. Die Methode wurde von Glenn Seaborg entwickelt.
[15] Eine kleine Minderheit glaubt, in Südamerika Spuren einer älteren Einwanderung in Monte Verde im Süden Chiles gefunden zu haben. Diese Funde werden aber von den meisten Archäologen nicht ernst genommen, und wir gehen darauf hier nicht ein.

Meeresverbindung zwischen dem Pazifischen Ozean und dem Eismeer besteht, die sehr flache Beringstraße, die Asien und Amerika trennt, war damals eine breite Steppe, Beringia, das Bering-Land. Viel Wasser war nämlich durch die besonders starke Verreisung am Ende der letzten Eiszeit gebunden und der Meeresspiegel um viele Meter niedriger als heute.

Nach der Einwanderung der Sibirier beginnt ein in der Menschheitsgeschichte einmaliger Vorgang: Nach allem, was wir wissen, liegt vor den sibirischen Einwanderern ein menschenleeres riesiges Land, das in weiten Teilen von Herden großer Säugetiere durchstreift wird. Mammuts, Mastodons, Pferde, Büffel, Riesenfaultiere und andere Großsäugetiere. Ein Paradies für die Jäger, nur: Vorerst sind die Jäger noch in Alaska, und der Weiterweg in den größten Teil dieses Paradieses ist kaum möglich, weil ein Eisschild das ganze nördliche Nordamerika überdeckt und den Eintritt in das Jagdparadies versperrt oder wenigstens äußerst behindert. Und die Menschen wissen erst einmal gar nichts von jenem „gelobten Land". Es gab anders als bei den Juden auf ihrem Zug in das gelobte Land, niemanden, der es hätte loben können, der unsere Jägergruppe hätte informieren können.

1 000 Jahre nach ihrem ersten nachweisbaren Auftreten in Alaska, möglicherweise noch schneller, sind aber allen Hindernissen zum Trotz Menschen auf dem Gebiet der heutigen USA. Archäologen haben erstaunlich viele einander sehr ähnliche Speerspitzen der sogenannten Clovis-Kultur, benannt nach dem Ort in Neumexiko, wo die erste derartige Speerspitze gefunden wurde, auf dem gesamten Gebiet Nordamerikas identifiziert und zahlreiche Fundplätze mit der Radiokarbon-Methode datie-

ren können: Alle stammen aus einem wenige 100 Jahre dauernden Zeitraum um das Jahr 13 000 vor heute. Diese Clovis-Speerspitzen sind Indizien für eine bestimmte Jagdkultur und damit wieder für eine bestimmte Periode in der Geschichte der Urindianer, vermutlich die Periode, als die Einwanderer ein vor Wild überquellendes Land vorfanden und für dessen Erjagung eine spezielle Jagdtechnik entwickelten. Und – welche Überraschung! – weniger als 1 000 Jahre später finden wir Spuren von Menschen an der Südspitze von Südamerika, 14 000 Kilometer weiter.

Jetzt beginnt eine Rätsel-Ralley der modernen Wissenschaft.

Das erste Rätsel: Wie konnten die Vorfahren der Indianer den 1 000 Kilometer breiten Eisschild überwinden?

Das zweite Rätsel: Wie konnten sie sich so schnell vermehren?

Und das dritte Rätsel: Wie überwanden einige ihrer Nachkommen in weniger als 1 000 Jahren mehr als 10 000 Kilometer vom Gebiet der heutigen USA bis zur Südspitze Südamerikas?

Zum ersten Rätsel: Glaziologen und Paläobotaniker meinen zu wissen, dass es einen eisfreien Korridor zwischen dem riesigen Eisschild, der fast ganz Kanada bedeckte, und der vereisten Küsten-Kordillere, dem kanadischen Randgebirge zum Pazifik, gab. Er könnte vom südlichen Alaska ungefähr bis zur Gegend gereicht haben, wo heute Edmonton in Westkanada liegt. Der japanische Anthropologe Aoki [Aoki 1993] hat schon vor fast 20 Jahren Diffusionsrechnungen auf die Fisher-Skellams'sche Art angestellt, um herauszufinden, ob und wie die Einwanderung durch diesen Korridor erfolgt sein könnte.

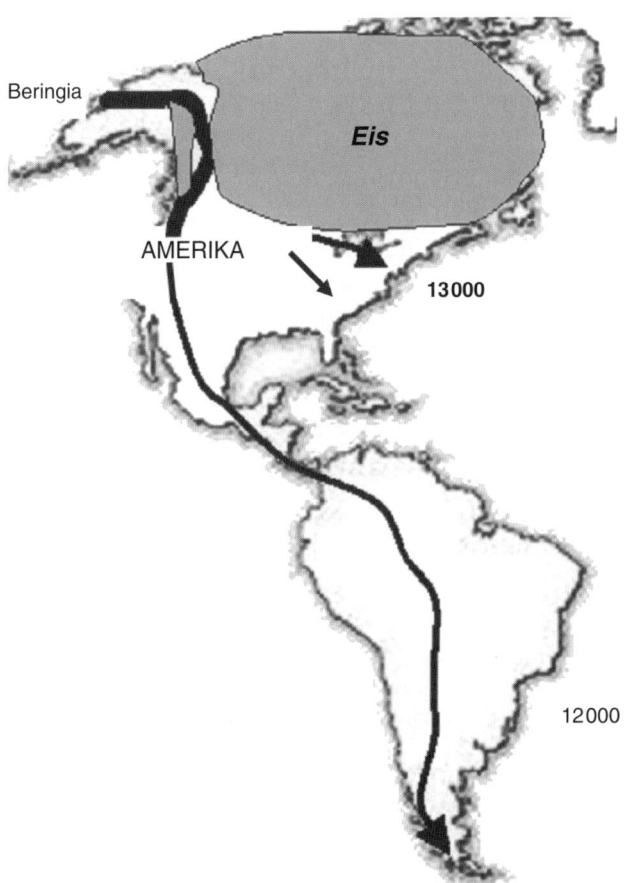

Möglicher Einwanderungsweg der Urindianer über die Landbrücke Beringia nach Alaska, weiter durch einen eisfreien Korridor in
das Gebiet der heutigen USA (vor 13000 Jahren) und schließlich
vor 12000 Jahren bis nach Patagonien an der Südspitze von Südamerika.

Es ist hochinteressant, Aokis Argumentation zu verfolgen, auch – oder gerade – weil sie auf kühnen Annahmen beruht, würdig den Überlegungen eines Detektivs. Aoki setzte, wie es schon Ammerman und Cavalli-Sforza [Ammerman 1984] getan hatten, eine bestimmte Ausbreitung pro Generation an, für deren Bestimmung er nach dem Muster der Ausbreitung der jungsteinzeitlichen Ackerbauer in Europa die Entfernung zugrunde legte, in der sich die Geburtsorte von Eltern befinden, über die also Paare zusammenfinden. Natürlich hatte Aoki keine Daten für eiszeitliche Jäger, musste also Analogien mit sibirischen Nomaden oder – so hat es Cavalli-Sforza vorgeschlagen – afrikanischen Pygmäen, die Jäger und Sammler sind, heranziehen. Andererseits nahm Aoki an, dass die Zahl der Nachkommen pro Paar geringer ist als bei Ackerbauern, denn die Kleinkinder müssen mitgetragen werden, und dies führt zu Geburtenkontrolle; nur alle drei bis vier Jahre kann ein weiteres Kind im wahrsten Sinne des Wortes durchgebracht werden.

Aoki findet, dass durch suchendes Irren, also rein zufällige Diffusionsbewegung es die Einwanderer nie geschafft hätten, durch diesen ungastlichen Korridor, wie er ihn nannte, zu kommen. Die Menschen hinterlassen aber, wie vorher erwähnt, schon 13 000 Jahre vor unserer Zeit auf dem Gebiet der heutigen USA zahlreiche Spuren. Wie haben die Sibirier, die wir jetzt schon Paläoindianer, Urindianer, nennen können, den Eisschild tatsächlich überwunden? Waren Aokis Voraussetzungen unzutreffend? Vielleicht hatte sich die wachsende Auswanderer-Bevölkerung in Alaska doch so gut etabliert, dass sie Späher ausschickte, die Wege durch den Korridor fanden, an den Ufern der eisigen Seen, die den Durchgang zusätzlich blockierten. Aber es gibt keinerlei Funde von steinzeitlichen Werkzeugen oder Lagerplätzen in jenem Teil des heutigen Kanadas.

In einer neuen Arbeit einer aus zahlreichen Genetikern, Anthropologen und Linguisten zusammengesetzten Wissenschaftler-Gruppe [Perego 2009] wird daher in Erwägung gezogen, dass die Menschen mit Booten, wie sie die Eskimos benutzen, an der amerikanischen Westküste entlang nach Süden gefahren sein könnten. Aber auch an der kanadischen Westküste wurden bisher keine Funde gemacht, die aus der Zeit um 13 000 vor heute stammen.

Tatsache ist, dass die Urindianer schließlich das Hindernis der Gletscher überwanden oder umfuhren. Wie das geschah, können wir nicht sagen. Wir legen dieses Ausbreitungsproblem daher erst einmal ad acta und wenden uns wärmeren Gefilden zu, wo es bald darauf zu einer Bevölkerungsexplosion gekommen ist. Die Radiokarbon-Methode ergibt, dass mindestens 20 Plätze, an denen Clovis-Steinspitzen gefunden wurden, aus der Zeit um 13 000 vor heute stammen, und sie sind ziemlich gleichmäßig über das Gebiet der heutigen USA verteilt. Die Jäger haben offenbar vor 13 000 Jahren den kanadischen Eisschild überwunden – wir sind noch auf der Höhe der letzten Vereisung, es herrscht extreme Eiszeit – und vermutlich im Südwesten des heutigen Kanadas, dort wo heute Edmonton liegt, eisfreies Gebiet erreicht. Und dort haben sie sich dann rapid vermehrt und ausgebreitet.

Sehen wir uns das zweite Rätsel an, das Rätsel der schnellen Vermehrung.

Nun muss ja den Einwanderern das Land wie ein Jäger-Traum erschienen sein. Die Steppen südlich der Gletscher müssen von Großwild gewimmelt haben. Vielleicht ist die

Erfindung der eleganten beidseitig bearbeiteten Clovis-Speerspitzen, von denen bisher mehr als 10 000 gefunden worden sind, ein Resultat dieser fantastischen Jagdgründe, die genutzt sein wollten. Lange werden die Jagdgründe nicht so fantastisch geblieben sein: In wenigen 100 Jahren waren die Mammuts und Mastodons ausgerottet. Vermutlich einerseits durch die Jagd, denn die Großtiere waren wohl leichte Beute, sie hatten gegenüber menschlichen Feinden keine Verhaltensmuster entwickeln können, so wie es etwa ab 1 600 n. Chr. auch für die Tiere auf den Galapagos-Inseln der Fall war, sie hatten keine Menschen gesehen. Andererseits vielleicht auch unter dem Einfluss des rapide wärmer werdenden Klimas, das den behaarten großen Elefanten-Verwandten und den anderen behaarten Großsäugern zu schaffen machte. Damit endet auch die Clovis-Kultur, man findet keine Clovis-Speerspitzen aus späterer Zeit.

Bisher sind wie gesagt mehr als 10 000 Clovis-Spitzen gefunden worden, das bedeutet, dass es noch sehr viel mehr nicht gefundene Steinspitzen geben muss oder wenigstens gegeben hat. Um eine Idee zu erhalten, wie viele Urindianer gleichzeitig gelebt haben mögen, schließen Steele und Mitarbeiter [Steele 1998] aus dieser Zahl der verlorenen oder weggeworfenen Steinspitzen auf die Bevölkerungszahl der Urindianer vor 12 000 Jahren. Sie überlegen, dass erwachsene Männer mit einer Lebenserwartung von 30 Jahren zehn Jahre lang auf die Jagd gehen und dabei ihre Speerspitzen in der Landschaft verstreuen. Sie schätzen, dass bisher ungefähr 10 Prozent aller Spitzen gefunden worden sind und kommen damit auf eine Bevölkerungszahl von ca. einer halben Million gleichzeitig lebender Menschen.

Nach der Einwanderung der Urindianer ausgestorbene Großsäugetierarten: Wollhaarmammut (links) und Riesenfaultier (rechts). © National Park Service, U.S. Department of the Interior (links) und © Ronja Vogl (rechts)

Aber die über das Beringland einwandernde Gruppe dürfte sehr klein gewesen sein, Steele nimmt 100 Menschen an. Woher glaubt er das zu wissen? Um diese Frage zu beantworten, müssen wir zuhören, was uns die Genetiker über ihre aufregenden Ergebnisse der letzten Jahre erzählen. Die Genetik hat ja das menschliche Genom, das Erbgut, die Menge aller Gene entschlüsselt und kann feine Unterschiede durch die Sequenz-Analyse herausfinden.

Bei den heutigen Indianern beider Teile Amerikas weist das Genom von Norden nach Süden – es sind mehr als 15 000 Kilometer von den Küsten des Nördlichen Eismeers zu den Küsten des Südlichen Eismeers – einen allmählichen Unterschied auf, eine Differenzierung, wie das bei räumlich getrennten Bevölkerungsgruppen zu erwarten ist. Aber dieses Gefälle ist wesentlich geringer als in anderen Teilen der Welt über solch riesige Entfernungen. Man vergleiche die Bevölkerung Ostasiens mit der Westeuropas und bedenke, dass Westeuropa ungefähr ebenso weit entfernt von Ostasien ist wie die Südspitze Südamerikas von den Eismeerküsten Nordamerikas. Auf dem eurasischen Doppelkontinent, zwischen Japan und China im Osten und Europa im Westen, sind die genetischen Unterschiede um vieles größer. Außerdem ist es hochinteressant, dass die genetische Differenzierung in ein und demselben Indianerstamm nach Süden hin immer mehr abnimmt. Das kann man – davon sind die amerikanischen Genetiker und Anthropologen [Wang 2007] überzeugt – nur verstehen, wenn die Gründer-Gruppe sehr klein war. Die Natur konnte bei der Vererbung nur auf wenige Alternativen zugreifen, und von den wenigen Möglichkeiten setzten sich zunehmend die fittesten durch.

Und besonders aufregend ist folgender Befund: Im Mittel ungefähr 35 Prozent aller heutigen Indianer haben ein „privates" Allel, eine genetische Variante, die sonst fast nirgends auf der Welt auftritt. Dieser Marker, diese „Markierung" tritt quer durch alle ursprünglichen Völkerstämme Nord- und Südamerikas auf, nicht nur bei den eigentlichen Indianern, sondern auch bei den Bewohnern der Küsten des nördlichen Eismeers, den Inuit. Bei den Inuits in Grönland und den nordamerikanischen Apachen, bei den Cherokees und Chippewas, den Sioux und den Creeks, bei den mittelamerikanischen Pima und Maya, bei den kolumbianischen Indianern und den Karitiana und wie die 29 untersuchten amerikanischen Völker alle heißen, ist diese Gen-Markierung bei 20 bis 40 Prozent der Menschen vertreten. Nur drei Indianerstämme fallen heraus, die nordamerikanischen Seni, wo der Marker nur bei 10 Prozent der Menschen auftritt, während bei den nordamerikanischen Payute der Anteil fast 60 Prozent beträgt und bei den bolivianischen Surui praktisch jeder und jede ihn hat. Außerhalb Amerikas kommt der Gen-Marker nur noch vereinzelt bei kleinen Völkern im östlichen Sibirien vor, bei den Koryaken und Tschuktschen und den Tundra-

Nentsen. Jene sibirischen Völker sind sehr wahrscheinlich die Verwandten östlich der Beringstraße, die aus derselben Jäger- und Sammler-Sippe hervorgegangen sind wie alle Ureinwohner Amerikas. Wären Gruppen aus weiteren Teilen Sibiriens – einige wenige Forscher haben sogar vorgeschlagen, aus dem Osten, aus der Gegend Europas – später nach Amerika nachgekommen, so hätte sich dieser Gen-Marker im Norden, an den Einfallspforten der Neuankömmlinge, verdünnt. Da das nicht der Fall ist und die Inuits den Marker mit eher noch größerer Häufigkeit besitzen als z. B. die meisten mittel- und südamerikanische Indianerstämme, muss man schließen, dass praktisch die gesamte Erbsubstanz aller Ureinwohner Amerikas zumindest sehr überwiegend von jener einzigen Gründer-Gruppe abstammt. In jener Gruppe muss die Mutation, sie wurde D9S1120 getauft, zufällig aufgetreten sein. In der kleinen Gruppe konnte sie mangels Konkurrenz überleben.

Es waren also offenbar ganz wenige Gründer-Väter und -Mütter, von denen alle heutigen Indianer abstammen. Wir haben schon vorher gesehen, dass die Kinderzahl pro Generation bei Jägern und Sammlern klein sein muss, so argumentieren jedenfalls die Ethnologen, denn die Kleinkinder müssen mitgetragen werden, was das Durchbringen eines weiteren Kindes in diesem Zeitraum unmöglich macht. Jäger-Sammler-Völker, im heutigen Sibirien und in Afrika, haben fast gar kein Bevölkerungswachstum, betreiben Geburtenkontrolle in irgendeiner Form. Aber vielleicht gab es bei den Urindianern doch mehr Kinder? Das ist fürs Erste betrachtet unwahrscheinlich, denn die einwandernden Sibirier werden nicht so schnell sesshafte Ackerbauer, die viele Kinder auf dem Hof einfach herumkrabbeln lassen können, jedes Jahr ein neues. Selbst als

die Weißen um 1 600 in Nordamerika erschienen, betrieb
der weitaus überwiegende Teil der dortigen Indianer Jä-
ger-Sammler-Wirtschaft.

Wie also konnte die Ausbreitung der Vorfahren der Indianer den Nachfahren einer so kleinen Gruppe so schnell
gelingen? Auf den ersten Blick erscheint dies als völlig unmöglich und Alternativ-Theorien, die mehrere Gruppen
von Einwanderern annehmen, der einzige Ausweg. Aber
die große genetische Homogenität, das geringe genetische
Gefälle aller Indianer und Inuits vom nördlichsten Nordamerika zum südlichen Südamerika, spricht dagegen. An
der kleinen Zahl der „Gründungseltern", der „founder",
werden wir also nicht rütteln.

Um die schnelle Bevölkerungszunahme der Urindianer in Nordamerika zu verstehen, müssen wir offenbar
eine Überlegung über Bord werfen, die seit den bahn-
brechenden Arbeiten von Ammerman und Cavalli-Sforza [Ammerman 1971] in der Ausbreitungsforschung
Allgemeingut geworden war. Erinnern wir uns an deren
Gedankengang: In Cavalli-Sforzas Heimat Oberitalien
kann man die Abstammung der Bevölkerung den über
viele 100 Jahre erhaltenen Kirchenbüchern entnehmen.
Cavalli-Sforza hat gefunden, dass die Geburtsorte von
Eheschließenden in der Vergangenheit kaum weiter
auseinanderlagen als 10 Kilometer und daraus die Geschwindigkeit der Wellenfront für die Ausbreitung einer
bäuerlichen Bevölkerung von Generation zu Generation
erschlossen. Aus dieser Entfernung von 10 Kilometern
leiteten Ammerman und Cavalli-Sforza mit Einsteins
Gleichung den Diffusionskoeffizienten ab. Um nun herauszufinden, wie schnell sich eine neue Kulturform,
die Kultur der Ackerbauer, ausbreitet, muss man wis-

sen, wie groß das Wachstum der Bevölkerung ist. Dieses Wachstum führt nämlich dazu, dass das kultivierte Land seine Sättigungskapazität erreicht, die maximale Bevölkerungsdichte, die noch ohne Probleme und Konflikte aufgenommen werden kann. Aus dem Diffusionskoeffizienten und der Bevölkerungsdichte bestimmten die beiden Forscher mit der Fisher-Gleichung (vgl. früheres Kapitel) die Geschwindigkeit der Wellenfront. Der Welle, die zwar langsam, aber unaufhaltsam die Ackerbauer-Kultur der Jungsteinzeit von Südosten nach Nordwesten über Europa schwappen ließ. Wesentlich für den Sieg der Ackerbaukultur soll die wesentlich größere Kinderzahl gewesen sein, die Ackerbauer verglichen mit Jäger-Sammlern durchbringen können. Ihre Geschwindigkeit ergab sich in der Größenordnung von 1 Kilometer pro Jahr. Es dauerte also 4 000 Jahre, bis die Bauernkultur die westlichen Küsten Europas erreicht hatte und der letzte Jäger und Sammler in Europa verschwunden war.

Im Amerika der Neuankömmlinge war nun aber die Situation für Jäger und Sammler anders als bei den heutigen letzten Vertretern dieser Wirtschaftsform in Sibirien oder Afrika. Heutige Sibirier und Pygmäen leben in einer Umwelt, die seit langer Zeit ihre maximale Aufnahmekapazität erreicht hat, die Urindianer dagegen fanden das Paradies vor: Sie waren die Ersten. Auch wenn sie als Nichtsesshafte ihre Kinder tragen mussten und daher vermutlich weniger Kinder durchbringen konnten als Bauern, die schon ihre kleinsten Kinder auf dem Hof krabbeln oder umherlaufen lassen können, sie fanden doch reichlich Nahrung. Von einer bis an die maximale Kapazität ausgeschöpften Umwelt konnte wenigstens an der Front der Ausbreitung keine Rede sein. Das dürfte die Erklärung für das schnelle Wachstum der einwandernden Urindianer-Bevölkerung sein. Eine Geburtenkontrolle aus wirtschaftlichen Gründen war unnötig, hungerbedingte Krankheiten unbekannt.

So stark also hatten sich die 100 Sibirier vermehrt, die Steele als Einwanderer annimmt. Nun: 1 000 Jahre sind 50 Generationen von 20 Jahren, und bei 30 Prozent Bevölkerungswachstum pro Generation ergibt sich in 1 000 Jahren eine Vermehrung der Bevölkerung auf 500 000 Menschen, die Zahl, die Steele aus der Zahl der aufgefundenen Pfeilspitzen erschließt. Wir haben das Rätsel der schnellen Vermehrung offenbar gelöst.

Das dritte und vielleicht größte Rätsel ist die extrem schnelle Besiedlung von Südamerika. Offenbar hat es höchstens wenige 100 Jahre seit der Überwindung der Eisbarriere im Norden gedauert, bis Menschen auch in ganz Südamerika bis weit in seine südlichste Spitze hinein auftauchten. Dies schließen Wissenschaftler aus den gut datierten Funden aus dem südlichsten Südamerika. Und haben damit ein Problem. 10 000 Kilometer Ausbreitung in höchstens 1 000 Jahren sind auch für eine sich so schnell wie eben geschätzt vermehrende Bevölkerung ein Rätsel. Zusätzlich liegt zwischen den beiden Halbkontinenten die schmale Landbrücke von Mittelamerika. Man sollte vermuten, dass die geringe Zahl von Menschen, die in diesem schmalen Territorium jagten, eine nur langsam sprudelnde Quelle für die Besiedlung Südamerikas gewesen sein sollte.

Diffusion, das suchende Irren, zieht nicht genug nach Süden. Die riesige Entfernung vom südlichen Kanada bis nach Patagonien wird selbst bei einer Bevölkerungsexplosion nicht so schnell überwunden. Wir brauchen einen anderen Mechanismus, als ihn Ammerman und Cavalli-Sforza der Ausbreitung der jungsteinzeitlichen Ackerbaukultur über Europa zugrunde gelegt haben. Die Jungsteinzeit-Welle ist sehr langsam von Südosten nach Nordwesten über Europa dahingewallt, getrieben nur durch das fast sture suchende Irren. Die Urindianer dagegen müssen – wenigstens südlich der heutigen USA – „intelligente Ausbreitung" betrieben haben.

Diffusionskonzepte, denen das suchende Irren zugrunde liegt, sind für menschliche Wanderungen auch in der Vorzeit vermutlich nur beschränkt anzuwenden, auch wenn der Erfolg von Ammerman und Cavalli-Sforza bei der Erklärung der Ausbreitung der jungsteinzeitlichen Kultur überzeugend war. Für Jäger und Sammler liegen die Verhältnisse vermutlich anders, wenn ein leeres Land mit unbegrenzten Möglichkeiten offensteht und die Jäger den Herden der Großwildtiere nachziehen. Wir haben angenommen, dass die Menschen – informiert vielleicht durch Späher – dorthin ziehen, wo sie ein besseres Leben haben, wo mehr Wild übrig ist, wo daher mehr Kinder durchgebracht werden können, wo die Eltern länger gesund und zur Vermehrung fähig bleiben. Wir können zeigen, dass 20 Prozent mehr Wohlstand in 30 Kilometern Entfernung hinein in noch weniger von konkurrierenden Gruppen bejagtes und teilweise schon leergejagtes Land die Bewegung „nach vorne" so schnell macht, dass die Menschen in 1 000 Jahren die 10 000 Kilometer vom Gebiet der heutigen USA bis nach Patagonien an der Südspitze Südamerikas überwinden konnten. Das war dann nicht Wandern ohne Ziel im Sinne von Brown oder Einstein (siehe nächstes Kapitel), das war Ausbreitung „nach vorne". Bei der Besiedlung der USA hieß das „go ahead", dorthin, wo weniger Konkurrenz jagt, mehr Wild herumstreift, wo die „Freiheit grenzenlos ist".

Man könnte sich vorstellen, dass ein Späher der Sippe, wenn die Nahrungsreserven zur Neige gehen, sich plötzlich aufmacht und weite Strecken auf der Suche nach besserem Land zurücklegt. So, wie ein kreisender Raubvogel, der nichts erspäht hat, plötzlich einige 100 Meter geradeaus fliegt, um dann dort wieder zu kreisen zu beginnen. Hat der Späher bessere Bedingungen gefunden, holt er die Sippe nach, die dann wieder ein suchendes Irren um das neue Lebenszentrum ausführen. Solch eine Verteilung der insgesamt zurückgelegten Wege entspricht einer Gauß-Verteilung mit einem langen flachen Schwanz (engl. long tail).

Eine spezielle mathematische Form solcher „long tail distributions", die in den letzten Jahren gern herangezogen wird, sind sogenannte „Levy-Flüge" [Klafter 2005], um das Such- und Jagd-Verhalten von Tieren zu beschreiben.[16] Das bekannteste Beispiel ist das Fischen der Albatrosse, das Viswanathan [Viswanathan 1996] als Levy-Flug beschrieben hat. In jüngerer Zeit sind nach eingehenderen Untersuchungen an mit Sendern versehenen Albatrossen allerdings Zweifel geäußert worden, dass die wenigen Daten jener Arbeit tatsächlich mit der mathematischen Form der Levy-Flüge zu erklären sind

---

[16] Im Gebirge kann man immer wieder kreisende Raubvögel beobachten, die die Mittelpunkte ihrer Kreise nur wenig verändern. Vermutlich ließe sich diese kleine Veränderung als random walk (siehe nächstes Kapitel) beschreiben. Wenn kein Sturzflug folgt, bei dem der Vogel eine Maus oder ein anderes Beutetier ergreifen will, wenn er also kein Beuteobjekt erspäht hat, dann vollführt der Raubvogel plötzlich heftige Flügelschläge und ändert den Mittelpunkt seiner Beutesuche um einige 100 Meter.

[Edwards 2007]. Das sind aber Details; begnügen wir uns damit, dass das Beutesuchen vieler Tiere so wie das Reiseverhalten moderner Menschen und damit verbunden die Ausbreitung von Geld und Seuchen kein suchendes Irren ist, also einer Gauß-Verteilung gehorcht, sondern lange Ausläufer zu großen Entfernungen aufweist (long tail distribution).

Eine ganz andere Erklärung liefert die oben erwähnte neue Arbeit von Wang und Kollegen [Wang 2007]. Sie untersuchen die Einzelheiten der genetischen Verschiedenheit, die Unterschiede im Erbgut oder Genom der verschiedenen heutigen Indianerstämme. Sie kommen zum Schluss, dass Routen entlang der Küsten besser mit der Systematik des genetischen Gefälles zusammenpassen als irgendein Weg über die Landmassen. Dann wäre also die schnelle Ausbreitung der Indianer ein Erfolg ihrer prähistorischen Schifffahrtstechnik. Das klingt sehr überraschend und unglaubwürdig, wenn man die wüsten westlichen Küsten Südamerikas am Pazifischen Ozean mit der idyllischen Straße der Vulkane zwischen der pazifischen Küstenkordillere, der Cordillera Negra, und der gletscherbedeckten Inland-Kordillere, der Cordillera Blanca, vergleicht. Und auch die östliche, also atlantische Küste des nördlichen Südamerikas würde man als einwandernder Urindianer nicht unbedingt als Route wählen. So aber ist die Aussage der Genetiker: Einwanderung entlang der Küsten. Es wird noch einiges Wasser den Yukon und den Rio Grande, den Amazonas und den Orinoco hinunterfließen, bis man darüber einig ist, wie die Einwanderung erfolgt sein dürfte, ob weitgehend über ziellose irrende Diffusion oder eher durch Verfolgung bestimmter Routen. Über Land oder See.

Der Albatros sucht eine Stelle im Meer nach Beute ab, indem er Flugbewegungen macht, die einer Zufallsbewegung, der Brown'schen Bewegung ähneln. Dann gibt er plötzlich die Suche an dieser Stelle auf, fliegt eine größere Strecke, um dann um ein neues Zentrum herum wieder nach Beute zu suchen. Man kann diese Bewegung als einen Levy-Flug beschreiben. © Ronja Vogl.

Wieder würden wir gerne wissen, wie die einzelne Sippe, Gruppe sich weiterbewegt hat, aber dazu liefern uns die archäologischen Funde keine Information.

Aus der Botanik kamen die ersten Hinweise darauf, wie sich das einzelne Lebewesen, das einzelne Teilchen bewegt. Belebt oder unbelebt, das war vorerst nicht klar.

Botaniker waren die Ersten, die sich mit dieser Frage der Bewegung des Einzelnen befassten. Sie konnten keine definite Antwort finden. Die Erkenntnis, wie sich ein *einzelnes* Teilchen verhält, ist auch in der Physik erst durch Albert Einstein gekommen, fast 100 Jahre nach Fourier. Aber darüber etwas später; wir wollen uns zuerst mit der Fragestellung aus der Botanik befassen.

Vom Botaniker Brown über Einstein und Star Wars zur Atomsonde

Der weltreisende Botaniker Robert Brown entdeckt die Brown'sche Bewegung

Der schottische Botaniker Robert Brown war ein echter Naturforscher seiner Zeit. Ein Weltreisender wie 30 Jahre später der Engländer Charles Darwin oder wie der Preuße Alexander von Humboldt. Im Alter von 27 Jahren segelte Brown 1801 an Bord des Forschungsschiffes „Investigator" im Auftrag des großen englischen Botanikers Sir Joseph Banks nach Neu-Holland, dem heutigen Australien, wo er bis 1805 4 000 Pflanzenarten sammelte, davon 1 700 vorher unbekannte.

Nicht dafür ist er weit über sein Fachgebiet hinaus in Erinnerung geblieben, sondern durch eine Beobachtung, die er 1827 machte.

Im Sommer 1827 sah er im Mikroskop, als er versuchte, die Befruchtung der Blütenstempel durch Pollen zu verstehen, dass sich die Pollen lebhaft bewegten, wenn Brown sie in Wasser suspendiert hatte, und zwar unaufhörlich. Am langen Titel seiner „kurzen" Veröffentlichung „A Brief Account of Microscopical Observations Made in the Months of June, July and August, 1827, on the Particles Contained in the Pollens of Plants; and the General

Robert Brown. © Paul von Senkenbusch.

Existence of Active Molecules in Organic and Inorganic Bodies" [Brown 1828] ist der zweite Teil bemerkenswert. Er schreibt von „Active Molecules in Organic and Inorganic Bodies".

Brown wiederholte den Versuch mit zahlreichen anderen Pflanzen und fand immer das gleiche Ergebnis: lebhafte Bewegung. Anfänglich meinte er, es handle sich um die Lebenskraft selbst, die die Bewegung verursachte – diese Lebenskraft, die „Vitalität", war etwas, wonach die Forscher dieser Zeit suchten. Und die Bewegung hatten andere Forscher vor Brown auch schon gesehen. Aber Brown war ein auch für uns Heutige beneidenswert sorgfältiger Forscher. Er wiederholte die Versuche mit längst abgestorbenen Pflanzen – er spricht von „upwards of one hundred years" –, und die Teilchen bewegten sich ebenso. Er schreibt: „This motion was still observable in specimens … which had been dried upwards of one hundred years.

The very unexpected seeming vitality was retained by the minute particles so long after the death of the plant."

Es könnte sich um eine lang anhaltende „vitality" handeln, mutmaßte er nun. Schließlich aber dehnte er seine Versuche auf unbelebte Materie aus, darunter Gestein „of all ages". Brown beschreibt ausführlich, wie er versteinertes Holz, Fensterglas und Felsbrocken zu Pulver zerbröselte, sogar ein Stück von der Sphinx musste dafür herhalten. Wie er Metalle schmirgelte, Wolle, Seide und Haar zu Asche verkohlte. Und immer fand er das gleiche Bewegungsphänomen bei Teilchen von ca. 1/1 000 Millimeter Durchmesser, die er Molecules nannte.[17] Da war jede Vitalität auszuschließen und Brown schloss, es könnte sich um ein physikalisches Phänomen handeln.

Zahlreiche Forscher aus verschiedenen Wissensgebieten bemühten sich in den folgenden 80 Jahren um eine Erklärung des Phänomens, fanden aber keine befriedigende Antwort.

Einsteins erster Streich in seinem „annus mirabilis"

Am 27. Juli 1905 stellte der „Biometriker" Karl Pearson an die Zeitschrift Nature in einer Art Leserbrief unter dem Titel „The problem of the random walk" die folgende Frage: „A man starts from a point O and walks L yards

---

[17] Unser heutiger Begriff Molekül, eine Verbindung weniger Atome (z. B. zwei Wasserstoff-Atome und ein Sauerstoff-Atom beim Wasser-Molekül) hat damit nichts zu tun. Unsere „modernen" Moleküle sind ungefähr noch 1 000-mal kleiner als die Brown'schen Teilchen. Im Jahr 1827 war der Begriff Molekül noch nicht besetzt; Brown meinte einfach recht kleine Teilchen.

in a straight line; he then turns through any angle whatever and walks another L yards in a second straight line. He repeats this process n times." [Pearson 1905/1]. Pearson wollte wissen, zu welchem Ergebnis solch ein random walk, also ein Wandern aufs Geratewohl in wechselnden Richtungen, wie er den Vorgang nannte, führen würde; er wollte wissen, wie weit der „random walker" nach oftmaligem Richtungswechsel schließlich gekommen sein würde.

Pearson erhielt mehrere Antworten, darunter eine vom angesehenen Physiker Lord Rayleigh, der für seine Ergebnisse auf zahlreichen Gebieten der Physik bekannt ist. Dieser wies Pearson auf seine Behandlung der Schwingung einer Saite mit völlig statistisch zusammengemischten Schwingungen hin, die er einige Jahre vorher durchgeführt hatte, und auf die mathematische Analogie mit Pearsons Problem. Am 10. August bedankt sich Pearson in Nature [Pearson 1905/2] und entschuldigt sich dafür, dass er die Arbeit nicht gekannt hatte, er hätte in den letzten Jahren Literatur aus anderen Gebieten studiert.

Pearson endet: „The lesson of Lord Rayleigh's solution is that ... the most probable place to find a drunken man who is at all capable of keeping on his feet is somewhere near his starting point." Damit will er darauf hinweisen, dass so ein „drunken walker", ein betrunkener Wanderer, erstaunlich langsamer vorankommt, als wenn er zielgerichtet in einer Richtung fortschritte.

Hätte Pearson, der ausgezeichnet deutsch sprach, deutsche Fachliteratur gelesen, dann hätte er den Leserbrief an Nature vielleicht unterlassen. Und hätte Lord Rayleigh deutsch gelesen, hätte er zumindest anders geantwortet. Fast drei Monate vor Pearsons erstem Leserbrief an Nature, am 11. Mai 1905, sendet nämlich ein junger theoreti-

Der wahrscheinlichste Ort, einen Mann zu finden, der sich gerade noch auf seinen Beinen halten kann, ist nahe seinem Ausgangspunkt. © Ronja Vogl.

scher Physiker aus Bern, ein gewisser noch nicht mit dem Doktortitel versehener Albert Einstein, an die Leipziger Annalen der Physik, dieselbe Zeitschrift, in der Adolf Fick seine Diffusionsgesetze veröffentlicht hatte, eine Arbeit [Einstein 1905/2] unter dem ziemlich umständlichen Titel: „Über die von der molekularkinetischen Theorie der Wärme geforderte Bewegung von in ruhenden Flüssigkeiten suspendierten Teilchen". In dieser Arbeit wird errechnet, wie weit solch ein „random walker" kommt.

Die Arbeit erscheint am 18. Juli 1905. Warum interessierte sich Einstein 1905 für die Teilchenbewegung? Im selben Jahr schuf er doch die Spezielle Relativitätstheorie und erklärte den Photoeffekt mithilfe der von Max Planck eben erst ins Spiel gebrachten Quantenhypothese. Einstein war also voll beschäftigt, das physikalische Weltbild mit der Relativitätstheorie zu revolutionieren sowie einer anderen Revolution, der Planck'schen, Impetus zu geben. Aber beide Arbeiten, seinen zweiten und dritten Streich in seinem Wunderjahr 1905, reicht er später ein als die eben zitierte. Warum interessierte sich Einstein mit Vorrang für die Teilchenbewegung?

Der Grund ist sicherlich: Einstein hatte sich in seinen ersten wissenschaftlichen Jahren mit statistischer Mechanik befasst, das ist die Mechanik der Atome und Moleküle. Er hatte 1903 die „molekularkinetische Theorie der Thermodynamik", wie er die statistische Mechanik manchmal nennt, erfunden, aber bald bemerkt, dass sie schon vorher von Josiah Willard Gibbs und Ludwig Boltzmann geschaffen worden war. So sagt er selbst in seinem „Nekrolog", als die er sein Selbstbekenntnis ironisch bezeichnet [Stachel 1989]. Einsteins vorrangiges großes Ziel ist es jetzt, Indizien dafür zu finden, dass es Atome und Moleküle gibt und dass Wärme durch die Bewegung dieser Teilchen zustande kommt. Einstein sucht daher nach Experimenten, die die Existenz der Atome unbestreitbar machen. Einstein will beweisen, dass die Materie kein Kontinuum ist, sondern aus getrennten, „diskreten" Teilen besteht, die alte Atom-Idee der Griechen. Einstein will Kritikern wie Wilhelm Ostwald in Leipzig und Ernst Mach in Wien Paroli bieten, die nicht an die Existenz der Atome glauben, sie nur für ein mehr oder weniger nützliches Gedankenkonstrukt halten.

Die Arbeit, von der wir sprechen, erscheint mir immer wieder wie ein Wunder an Erkenntnis. Schließlich wird sich alles, was Einstein voraussagt, bestätigen, obwohl dem äußeren Schein nach der 26-Jährige so wenig Hintergrundwissen hat. Wie war es wirklich? Was ergeben die Recherchen in der reichen Literatur über Einstein, was ergibt das Studium seiner Arbeiten?

Alle Arbeiten Einsteins aus dieser Zeit durchzieht sein unerschütterlicher Glaube an die statistische Mechanik und deren Akteure, die Atome und Moleküle. Einstein ist fest überzeugt, dass diese Begriffe der Theorie nicht nur Gedankenkonstrukte sind, wovon der große Chemiker Wilhelm Ostwald überzeugt ist, um die Ergebnisse der Experimente zu beschreiben, sondern Realitäten. Dass es die Atome gibt, dass sie „wahr" sind, wie Einstein immer wieder formuliert. Einstein hadert sogar mit dem von ihm verehrten Boltzmann, dass dieser nicht klar und aggressiv genug Experimente vorschlüge, die die Realität der Atome beweisen [Stachel 1989]. Sein Hauptziel sei es gewesen, wird Einstein in seiner kurzen Autobiografie schreiben, die er einen ihm aufgezwungenen Nekrolog auf sich selbst nennt, Tatsachen zu finden, „welche die Existenz von Atomen bestimmter endlicher Größe möglichst sicherstellten".

Einstein löst die Fick'sche Diffusionsgleichung auf seine Art – mit statistischen Methoden. Die Lösung, die Gauß-Verteilung, interpretiert er auf eine neue Art. Er überlegt, dass die Entfernung, die ein „ungeordnet" von den andauernd aus allen Richtungen kommenden Molekülen gestoßenes Teilchen zurücklegt, nicht proportional zur verstreichenden Zeit ansteigt, sondern nur proportional zu deren Wurzel.

Im seinerzeit sehr populären Büchlein „One, Two, Three ... Infinity" [Gamov 1947] erklärt George Gamov, der für seine Forschung auf dem Gebiet der Kernphysik und Kosmologie bekannt ist, die Strecke, die ein Betrunkener beim random walk im Mittel zurücklegen wird, sehr anschaulich mit einfacher Mathematik, ohne die Diffusionsgleichung lösen zu müssen. Aber auch Einstein sagt schon in der berühmten Arbeit von 1905 etwas sarkastisch: „Die Häufigkeitsverteilung der in einer beliebigen Zeit erfolgten Lagenänderungen ... ist also dieselbe wie die der zufälligen Fehler, was zu vermuten war."

Einstein erkennt, dass man mit den experimentellen Mitteln von 1905 den random walk, dieses ungeordnete

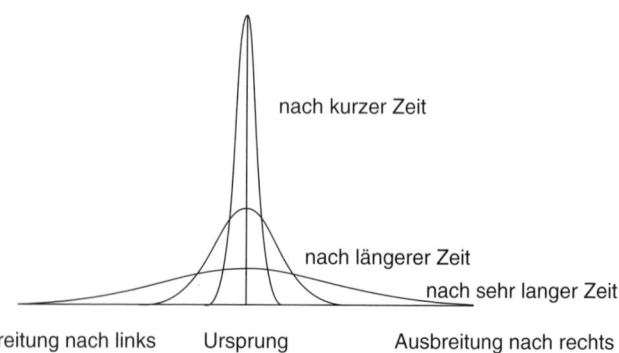

Ausbreitung nach links   Ursprung   Ausbreitung nach rechts

Häufigkeitsverteilung der Aufenthaltsorte eines Teilchens, das sich in einer Dimension statistisch hin- und herbewegt, also entlang einer Linie nach links und rechts. Diese Verteilung ist eine Gauß-Verteilung, dieselbe Verteilung, die schon Fourier für die Ausbreitung der Wärme entlang eines Stabs gefunden hat.

zufällige Irren, nur erfassen kann, indem man sich ansieht, welchen Abstand solch ein torkelndes oder irrendes Teilchen in einer bestimmten Zeitspanne im Mittel zurückgelegt hat. In Pearsons Bild: wie weit der Betrunkene sich letzten Endes von seinem Ausgangspunkt entfernt. Aus dieser Messung kann man sofort den Diffusionskoeffizienten bestimmen, den Faktor, der den Zusammenhang zwischen Teilchenstrom und Konzentrationsgefälle angibt. Die Geschwindigkeit selbst würde man nicht messen können, denn die Richtungsänderungen durch die zahlreichen Molekülstöße erfolgen zu rasch aufeinander.

Einstein behauptet also, dass die langsame träge Geschwindigkeit, mit der sich Teilchen in einer Flüssigkeit, z. B. die Fett-Tröpfchen in der Milch, bewegen, direkt zusammenhänge mit der rapiden Geschwindigkeit der „wahren Atome" oder „wirklichen Moleküle". Da achtet Einstein, wie das Physiker manchmal so tun, nicht genau auf die Worte, weil er keinen prinzipiellen Unterschied sieht zwischen dem Verhalten der Atome und der Moleküle, die nur aus wenigen Atomen bestehen, solange es um die unbelebte Natur geht.

Als überzeugter Verfechter der statistischen Mechanik wendet Einstein sie skrupellos auch außerhalb des Bereichs der Atome und Moleküle an. Das hat vor ihm niemand versucht oder gewagt. 1887 hatte van t'Hoff einen ersten wagemutigen, innovativen Schritt getan: Er übertrug die bis dato nur für Atome und Moleküle in Gasen konzipierten Ideen der statistischen Mechanik, die damals daher treffend Gastheorie genannt wurde, auf einzelne gelöste Atome in Flüssigkeiten und konnte erfolgreich den osmotischen Druck erklären. Dieser für unsere Lebensvorgänge so wichtige Druck entsteht an einer Membran, die den Konzentrationsausgleich nur für Moleküle bis zu einer bestimmten Größe zulässt, größere Moleküle werden nicht durch ihre Maschen gelassen. Einstein behauptet nun wagemutig: „... ein gelöstes Molekül unterscheidet sich von einem suspendierten Körper lediglich durch die Größe, und man sieht nicht ein, warum einer Anzahl suspendierter Körper nicht derselbe osmotische Druck entsprechen sollte wie der nämlichen Anzahl gelöster Moleküle ...". Große Teilchen aus 100 000 und mehr Atomen! Die trägen „suspendierten" Teilchen (also die Fett-Tröpfchen in unserem Beispiel) würden ohne Unterlass von den sehr schnell herumschwirrenden Molekülen angestoßen und führten daher eine „wenn auch sehr langsame ungeordnete Bewegung" aus [Einstein 1905/1]. Um die Geschwindigkeit zu bestimmen, brauche man sich nur herkömmlicher Überlegungen zu bedienen, nämlich des aus dem Jahr 1845 stammenden Gesetzes von Stokes, das sehr anschaulich ausrechnet, wie stark ein in einer zähen Flüssigkeit zu Boden sinkendes Teilchen gebremst würde. Diese Bremsung führt Einstein auf die Stöße durch die sehr vielen herumschwirrenden Moleküle zurück. Niemand vor ihm ist auf diese einfach erscheinende Idee gekommen, niemand hatte offenbar gewagt, die Gasgesetze auf große Teilchen zu erweitern. Wahrscheinlich muss man sehr jung sein (wir erinnern uns: Einstein war 26), um so naiv-gläubig für Neues zu sein. So erhält Einstein einen Zusammenhang zwischen der Zahl der „torkelnden" Teilchen, die ein bestimmtes Konzentrationsgefälle überwinden und der Zahl der unsichtbaren Moleküle. Der Zusammenhang heißt heute Stokes-Einstein-Gleichung.

Zusammengefasst: Einstein schlägt vor, die Diffusionskonstante aus der mittleren Verschiebung im Mikroskop zu sehender Teilchen zu messen und daraus mithilfe der Stokes-Einstein-Gleichung die Zahl der unsichtbaren, aber „wahren" Atome zu bestimmen, die sogenannte Avogadro-Konstante, das ist die Zahl der Atome in einer wohlbekannten Masse, einem sogenannten Gramm-Molekül.[18] Darüber mehr weiter unten.

Einstein hat wohl um das ungeklärte Problem der Brown'schen Bewegung gewusst oder muss spätestens während der Arbeit an der Veröffentlichung draufgekommen sein, dass solche Messungen seit langer Zeit existierten. Jedenfalls schreibt er eine diesbezügliche Bemerkung in die Einleitung der Arbeit. Und in seinem „Nekrolog" [Stachel 1989] erinnert er sich: „Dabei entdeckte ich, dass es nach der atomistischen Theorie eine der Beobachtung zugängliche Bewegung suspendierter mikroskopischer Teilchen geben müsse, ohne zu wissen, dass Beobachtungen über die „Brown'sche Bewegung" schon lange bekannt waren." Und anschließend: „Die Übereinstimmung dieser Betrachtung mit der Erfahrung überzeugte die damals zahlreichen Skeptiker (Ostwald, Mach) von der Realität der Atome."

Zwischenspiel: Einsteins drei Versuche einer Dissertation

Einsteins unverständliche Schaffenskraft in den ersten Jahren des 20. Jahrhunderts kann uns noch aus einer menschlichen Perspektive faszinieren. Einstein ist ja noch

---

[18] Das Gramm-Molekül ist das Molekülgewicht in Gramm. Für Wasser mit dem Molekülgewicht von 18 sind das 18 Gramm, für atomares Aluminium (Atomgewicht 28) 28 Gramm.

nicht promoviert und hat mit seiner Promotion erhebliche Schwierigkeiten.

Einsteins Versuch, eine Dissertation über ein Thema aus der „molekularkinetischen Theorie" an der Universität Zürich approbiert zu bekommen, ist schon 1902 gescheitert. Sein Doktorvater, der Experimentalphysiker Alfred Kleiner, fand offenbar den Mangel an experimentellen Belegen für Einsteins Thesen und möglicherweise auch Einsteins Kritik an Boltzmann als zu riskant. Das wissen wir allerdings nur aus Berichten von Einsteins Familie und aus einem Rückzahlungsbeleg über die Dissertationsgebühr durch die Universität Zürich vom 1. Februar 1902 [Stachel 1989]. 1903 schreibt Einstein an seinen Freund Michele Besso: „… mir ist die ganze Komödie langweilig geworden."Ein zweiter Versuch, eine Doktorarbeit über ein anderes Thema einzureichen, wird von Kleiner offenbar schon im Ansatz zurückgewiesen.

Wenige Tage, bevor nun Einstein doch wieder eine Arbeit zur molekularkinetischen Theorie, nämlich die berühmte oben genannte, fertiggestellt hat und zur Veröffentlichung an die Annalen sendet, versucht er auch noch einmal, sein Doktorat zu erlangen. Er hat am 30. April 1905 wiederum eine Dissertation an der Universität Zürich eingereicht, diesmal aber sicherheitshalber ohne Verwendung statistischer Mechanik und diesmal erfolgreich. Einstein erinnert sich: „… der Kandidat sah sich gezwungen, eine … harmlosere Abhandlung zu verfassen und einzureichen, auf die hin er denn auch den Titel eines Doctor Philosophiae erhielt." [Stachel 1989].

Einstein schlägt in seiner Dissertation unter dem Titel „Eine neue Bestimmung der Moleküldimensionen" [Einstein 1905/1] eine recht klassische Berechnung vor. Einerseits soll aus dem Unterschied der Zähigkeiten von reinem Wasser und einer Zuckerlösung – für beide liegen schon damals Messungen vor und sind im bekannten Tabellenwerk Landolt-Börnstein tabelliert – das Produkt aus der Avogadro-Konstante und dem Molekülradius der gelösten Zuckermoleküle bestimmt werden.

Andererseits verwendet Einstein wieder die Formel für den Diffusionskoeffizienten, die gleiche Formel, die in der Arbeit für die Annalen steht, aber diesmal sozusagen für die einfach gestrickten Professoren an der Universität, damit sie die Dissertation nicht wieder ablehnen. Also klassische Thermodynamik, keine Molekularkinetik, eine Formel, die das Verhalten von gelösten Molekülen beschreibt und ohne die kühne riskante Vermutung, dass sich gelöste Teilchen ebenso nach den Gasgesetzen verhalten wie gelöste Atome oder Moleküle. Auch hier sind alle Größen bis auf die Avogadro-Konstante und den Molekülradius dem Landolt-Börnstein zu entnehmen. An dieser Formel hatte allerdings der Australier William Sutherland seit Jahren gearbeitet, mit dem erklärten Ziel, die Größe der Atome zu bestimmen. Sutherland kämpft mit den kompliziert in Zusammenhang zu bringenden zahlreichen Messdaten für die Zähigkeiten, Einstein dagegen hat solche Sorgen nicht. Er kennt die einzelnen Daten vermutlich gar nicht. Sutherland hat die Formel in der gleichen Form wie Einstein schon einen Monat vorher [Sutherland 1905] veröffentlicht, und auch wenn Einstein ihn nicht zitiert, Sutherlands Arbeiten muss er gekannt haben. Die Formel heißt aber heute Einstein-Formel oder Stokes-Einstein-Formel.

So erhält also Einstein in seiner Dissertation zwei Gleichungen für die Avogadro-Konstante und den Molekülradius, sodass Letzterer, also die Größe der Moleküle (oder

der Atome, falls der gelöste Stoff in atomarer Form vorliegt) bestimmbar ist. Wie schon gesagt, Einsteins eingereichte Arbeit wird als Dissertation angenommen. Schließlich hat die recht aufwendigen Rechnungen Heinrich Burckhardt, Professor der Mathematik an der Universität Zürich, auf Bitte des Experimentalphysikers Alfred Kleiner, Einsteins Doktorvater, gelesen und für akzeptabel gefunden. Einsteins Rechenfehler hat er in den aufwendigen Rechnungen allerdings nicht bemerkt. Auf diesen weist erst Jacques Bancelin aus Jean Perrins Pariser Gruppe Einstein hin: Er meint, die Zähigkeit der Zuckerlösungen müsse wesentlich höher sein als bei Einstein. So kann sich vorerst auch kein vernünftig erscheinender Wert für die Avogadro-Konstante ergeben. Erst Einsteins Mitarbeiter Ludwig Hopf wird 1911 finden, dass in der Formel mit den Zähigkeiten ein Faktor 2,5 fehlt [Stachel 1989]. Damit erhält Einstein schließlich für die Avogadro-Konstante $6,5 \cdot 10^{23}$ Moleküle pro Mol in recht guter Übereinstimmung mit den damaligen Bestwerten aus anderen Überlegungen. Aber zu dieser Zeit hat, wie wir weiter unten sehen werden, bereits Einsteins Arbeit in den Annalen ihre Früchte getragen; mehrere Gruppen haben auf ihrer Grundlage Messungen angestellt und die Avogadro-Konstante bestimmt.

Noch einmal zu William Sutherland. Sutherlands Vergessensein durch die Nachwelt ist tragisch: Sutherland bearbeitet das Problem der heute Stokes-Einstein-Gleichung genannten Gleichung über Jahre, aber er kämpft, wie erwähnt, mit den kompliziert in Zusammenhang zu bringenden zahlreichen Messdaten. Einstein dagegen hat solche Sorgen nicht, er sieht nur das Ganze. Einstein selbst schreibt in seiner Autobiografie [Stachel 1989]: „Mit welchem Recht – so fragt der Leser – operiert dieser Mensch so unbekümmert und primitiv mit Ideen auf einem so problematischen Gebiet, ohne den geringsten Versuch zu machen, etwas zu beweisen?". Einstein versucht selbst darauf zu antworten, aber seine Antwort ist m. E. nicht befriedigend. Für mich bleibt sein Erkenntnisprozess ein Wunder, traumwandlerisch.

Die Bestätigung von Einsteins „unbekümmerten, primitiven" Vorhersagen

Um wieder den Faden der Geschichte der Diffusion aufzunehmen, kehren wir zurück zu Einsteins berühmter Arbeit zur Brown'schen Bewegung in den Annalen von 1905 [Einstein 1905/2]. Vergessen wir nicht: Die Arbeit wird zwar gemeinhin so genannt, aber Einstein betont, dass er erst mitten in der Arbeit entdeckt habe, dass man die Bewegung suspendierter Teilchen beobachten könne, also die sogenannte Brown'sche Molekularbewegung. Er führt dieses Wort daher nicht im Titel der Arbeit.

Bei ungeordneter Bewegung, Pearsons random walk, sei „die mittlere Verschiebung ... also proportional der Quadratwurzel aus der Zeit", sagt Einstein dort. Der mittlere Abstand vom Ausgangsort wird also bei doppelter Zeitdauer nicht doppelt so groß, sondern nur 1,41-mal so groß, erst nach vierfacher Dauer doppelt so groß und so fort. Diese Gleichung wird heute Einstein-Smoluchowski-Gleichung genannt, denn Marian von Smoluchowski hat auf anderem Weg bis auf einen Zahlenfaktor im Jahr 1906 dasselbe Ergebnis erhalten [Smoluchowski 1906].

Den letzten, fünften, sehr kurzen Paragraph seiner Arbeit in den Annalen übertitelt Einstein „Eine neue Methode zur Bestimmung der wahren Größe der Atome." Später wird Einstein schreiben, dass sein Hauptziel bei der Arbeit gewesen wäre, so viele Indizien wie möglich für die Existenz von Atomen mit definierter Größe zu finden.

Einstein schätzt zum Schluss der Arbeit ab, dass eine Messung der mittleren Entfernung eines Teilchens von seinem Ausgangsort während einer gut messbaren Zeit möglich sein sollte. Er schätzt, dass Teilchen von 1 Mikrometer (1 tausendstel Millimeter) Durchmesser sich in Wasser von 17 Grad Celsius in der Minute um 8 Mikrometer, also im Mikroskop gut messbar, verschieben sollten. Aus Messungen der mittleren Verschiebung könne man durch Gleichsetzen der Diffusionskonstante aus seinen beiden vorher aufgestellten Gleichungen den genauen Wert der Avogadro-Konstante ermitteln.

Einstein schließt: „Möge es bald einem Forscher gelingen, die hier aufgeworfene, für die Theorie der Wärme wichtige Frage (er meint wohl die Existenz und Größe der Atome oder Moleküle) zu entscheiden!"

Die Resonanz auf die Arbeit des noch Unbekannten ist erstaunlich. Angeregt durch Einsteins Arbeit werden von verschiedenen Gruppen die Brown'schen Versuche unter sehr gezielten Bedingungen und mit noch größerer Akribie durchgeführt. In Paris hat Jean Perrin dafür einen neu entwickelten Mikroskop-Typ zur Verfügung, das Ultramikroskop.

Perrin schreibt [Perrin 1923], Einstein und Smoluchowski hätten die molekularkinetische Theorie der Brown'schen Bewegung ersonnen und er, Perrin, wollte diese experimentell bestätigen, indem er die Bewegung solcher Teilchen im neu entwickelten Ultramikroskop verfolge. Die Teilchen, die Perrin im Mikroskop sehen konnte, waren natürlich keine Atome, sie waren vielmehr ziemliche „Brocken", zusammengesetzt aus 100 000 Atomen, aber das sollte ja nach Einstein nicht stören – die Teilchen würden durch die wiederholten Stöße einzelner Moleküle zwar nicht so stark taumelnd, torkelnd (Perrin gebraucht das sehr anschauliche Verb „fourmiller", das wimmeln bedeutet) sich bewegen wie einzelne Moleküle, aber doch ordentlich hin- und hergestoßen werden.

Nun hatte ja schon Brown das Wimmeln oder Taumeln, die ungeordnete Bewegung, wie Einstein sich ausdrückt, der Pollen und anderer Teilchen gesehen, aber über die Größe der Teilchen konnte er keine Aussage treffen, sie hatten auch sicherlich sehr verschiedene Größen.

Zuerst musste Perrin daher Teilchen herstellen, die die richtige Größe hatten, um gerade im Mikroskop gesehen zu werden. Und sie sollten alle möglichst gleich groß sein, möglichst symmetrisch, also kugelförmig, damit exakte Berechnungen nach Einsteins Konzept möglich sein würden. Jean Perrin wählt Gummigutt (Mastix), glasiges Harz, das er in Alkohol auflöst. Dann gießt er die Lösung in Wasser und erhält eine Emulsion. Allerdings haben auch Perrins Teilchen vorerst alle denkbaren Größen, und der Hauptaufwand besteht nun darin, nur Teilchen gleicher Größe herauszuklauben, also eine monodisperse Verteilung der Teilchen zu erhalten. Dies gelingt Perrin und seinen Mitarbeitern durch eine Methode ähnlich der, die später für die Separation von Uran 235 und Uran 238 eingesetzt werden wird, eine Zentrifugen-Methode. Perrin wird später in seinem Nobelpreis-Vortrag [Perrin 1926] sagen, dass er aus einem Kilo Harz nach mehreren Monaten täglichen Betriebs gerade wenige Dezigramm von Körnchen mit Durchmessern von ungefähr einem drei viertel Mikrometer erhalten hätte, gerade die Größe, die ihm zum Mikroskopieren geeignet erschien.

Diese Teilchen lässt Perrin – ganz wie fast 100 Jahre vorher Robert Brown – in Wasser wimmeln und verfolgt die Teilchenbewegung durch Projektion mittels einer „Camera lucida". Ein ganzes Team von Mitarbeitern wird eingesetzt, um zu registrieren, wie weit die Teilchen

Beispiel für Perrins Beobachtungen der Ortsveränderung eines Gummigutt-Teilchens, erhalten durch Aufzeichnung der horizontalen Projektionen der Geraden, welche von 30 zu 30 Sekunden aufeinanderfolgende Positionen eines Teilchens miteinander verbinden. Nach Perrin (1923).

innerhalb einer Minute gekommen sind, denn die Beobachtung ist anstrengend für die Augen und erfordert große Konzentration.

Perrins Kollege Paul Langevin schlägt vor, die Strecken alle vom gleichen Ausgangsort aufzutragen, sodass sich die Endpunkte durch Kreisringe nach ihrer Länge würden einteilen lassen. Die Zahl der Endpunkte pro Kreisring müsste Gauß-verteilt sein. In der unten stehenden Abbildung ist das gezeigt. Man kann abzählen: Tatsächlich

Orte der Teilchen in Perrins Versuchen bezogen auf ihren vorherigen Ort nach je 30 Sekunden, projiziert in eine Ebene. Aus Perrin (1923).

ergibt sich eine Gauß-Verteilung mit fast gleichen Maximalwerten (107 bzw. 105 Punkten) im dritten und vierten Kreisring. Dort liegt daher die mittlere Verschiebung der Teilchen.

Die Teilchengröße und die Flüssigkeit, in der die Gummigutt-Teilchen suspendiert sind, werden sorgfältig variiert. Perrin beschränkt sich also nicht auf Wasser, sondern lässt auch die Teilchenbewegung in einer Zuckerlösung, in Glyzerin und noch anderen Flüssigkeiten untersuchen, damit wird die Zähigkeit variiert. Und nach den Einstein'schen Überlegungen bestimmt er jedes Mal die Avogadro-Konstante. Er findet, dass zwischen der mittleren Verschiebung eines Teilchens vom Ausgangsort und der abgelaufenen Zeit tatsächlich der Wurzel-Zusammenhang besteht, wie von Einstein und Smoluchowski gefordert, dass sich also die mittlere Verschiebung erst bei viermal so langem Warten verdoppelt. Und erhält für die Avogadro-Konstante immer Werte um den Bestwert $6{,}4 \cdot 10^{23}$ Moleküle in einem Mol. Er schreibt: „Die Übereinstimmung ist so gut, dass es unmöglich ist, an der Richtigkeit der kinetischen Theorie der Brown'schen Bewegung zu zweifeln." Und damit an der Existenz von kleinsten Teilchen – Atomen, Molekülen –, also der „Körnigkeit" der Materie. 1926 erhält Perrin den Physik-Nobelpreis für seine Arbeit. Der Titel seines Nobelpreis-Vortrags [Perrin 1926] vor der Schwedischen Akademie der Wissenschaften ist eindeutig: *Discontinuous Structure of Matter* also „Körnigkeit der Materie", die Existenz der Atome und Moleküle.[19]

---

[19] Der Bestwert für die „Avogadro-Konstante" ist heute $6{,}022 \cdot 10^{23}$ Teilchen in einem Mol, also etwas niedriger als Perrins Wert.

Auf der Spur einzelner Atome

Während Perrin im Licht-Mikroskop die Diffusion fester Teilchen aus 1 Million Atomen in Flüssigkeiten untersucht hat, wäre es ihm völlig unmöglich gewesen, ein *einzelnes diffundierendes Atom* zu sehen. Perrin spricht zwar von „Körnigkeit der Materie", aber denkt er, das wäre direkt nachweisbar? Haben die Forscher damals dies überhaupt für möglich gehalten?

Heute kann man das einzelne Atom verfolgen, und besonders interessant ist das im Festkörper.

Ich werde mich hier auf das Allerneueste konzentrieren, wie sich das für die aufregende abenteuerliche Physik und da speziell die Wissenschaft von der Struktur der Materie gehört: die Verfolgung einzelner Atome mit dem extrem fein „gespitzten" Synchrotronstrahl, dieser künstlich erzeugten Röntgenstrahlung. Diese Entwicklung ist auf bestem Weg zum Röntgen-Laser, dessen Möglichkeiten noch einmal einen Durchbruch versprechen, wie ihn der Licht-Laser vor 30 Jahren ermöglicht hat.

Für die Diffusion von Perrins Teilchen in einer Flüssigkeit gibt es viele Möglichkeiten, denn das Teilchen kann sich über eine beliebige Entfernung in jede Richtung bewegen. In kristallinen Festkörpern kommt uns die Natur jedoch entgegen: Sie schaut auf Ordnung, deswegen sitzen die Atome in festem Material meist in Reih und Glied geordnet. In allen drei Raumdimensionen dicht gedrängt in Abständen von wenigen Zehnteln eines Nanometers.[20] Man kann sich vorstellen, dass sie auf einer Gitterstruktur

---

[20] Ein Nanometer ist ein Millionstel Millimeter. Das griechische Wort nanos bedeutet Zwerg, daher ist Nanometer ein sehr passender Name für solch eine kleine Dimension.

sitzen und spricht von „Gitterplätzen", die die Atome besetzen. Normale Sprünge sind nur zwischen den Gitterplätzen möglich, und deshalb gibt es nicht viele verschiedene Diffusionsmöglichkeiten. Dies macht die Verfolgung der Atome bei der Diffusion einfacher.

Fast alle metallischen und halbleitenden Materialien, die Basismaterialien unseres technischen Fortschrittes, für Stahlkonstruktionen oder Computerchips, sind kristalline Festkörper. Ausnahmen bestätigen die Regel: In einigen Festkörpern herrscht Unordnung, man nennt sie amorph; Fensterglas ist ein amorpher Festkörper.

Hier wollen wir uns um die kristallinen Festkörper kümmern. Kann es in ihnen überhaupt Diffusion geben? Die Atome sitzen doch dicht gedrängt. Sind dann nicht alle Gitterplätze besetzt, zu denen hin ein Atom diffundieren könnte? Die Frage ist sehr berechtigt, aber eine geringe Unordnung strebt die Natur selbst im geordnetsten Zustand an, es gibt immer einige wenige freie Gitterplätze, sogenannte Leerstellen, und zwischen diesen können Atome springen [Mehrer 2007].

Nun kann ein Atom, wie schon gesagt, im kristallinen Festkörper nur die wohlgeordneten Gitterplätze besetzen, der Bereich zwischen den Gitterplätzen ist verboten.[21] Deswegen muss ein Atom bei Diffusion hinein in eine Leerstelle immer gleich eine Entfernung von einigen Bruchteilen eines Nanometers überwinden, um wieder sesshaft zu werden. Das erfordert einen schnellen Sprung über diese Distanz – er dauert nur den millionsten Teil einer Millionstel Sekunde. Dann hat das Atom wieder für

---

[21] Anders verhält es sich, wenn der Festkörper durch Bestrahlung gestört wird. Dabei entstehen zusätzliche Leerstellen und Zwischengitter-Atome, von denen am Anfang des Buchs berichtet wurde.

einige Zeit Ruhe, bis es wieder eine Leerstelle in seiner Nachbarschaft „sieht" und sich die Gelegenheit für einen neuerlichen Sprung bietet. Weil nun aber bei Raumtemperatur, der Temperatur zwischen 0 und 30 Grad Celsius, nur sehr wenige Leerstellen vorhanden sind, in reinen Metallen oder Halbleitern viel weniger als der millionste Teil der Gitterplätze leer ist, ist die Tendenz zu Diffusionssprüngen sehr klein, ein Atom kann einmal pro Jahr oder noch seltener springen. Bei hohen Temperaturen dagegen nimmt die Unordnung im Festkörper zu, die Konzentration der Leerstellen kann am Schmelzpunkt ein Promille erreichen, und die Sprünge können oftmals in einer Sekunde stattfinden. Es klingt überraschend: Diese wenigen Leerstellen sind die Fahrzeuge, mit deren Hilfe sich die Atome in Legierungen bei geeigneter Behandlung so anordnen, dass Stahl hart wird und dass Dotierung von Halbleitern wie z. B. Silizium zur Herstellung von Bauelementen führt, die das Funktionieren unserer Computer ermöglichen.

Können wir den einzelnen Sprung des Atoms sehen? Mikroskope können nicht ins Innere solider Materialien, der Festkörper, blicken, aber bei der Beobachtung von Oberflächen und aus dem Inneren herausgeschnittener dünner Schichten haben Elektronenmikroskope und Tunnelmikroskope in den letzten Jahren sehr große Fortschritte erzielt. Mit durchdringenderer Strahlung wie Neutronen oder Röntgenstrahlung ist man dagegen nicht auf die Oberfläche des Festkörpers beschränkt. Diese Strahlen können in sein Inneres blicken, sie durchleuchten das solide Material. Heute gelingt damit tatsächlich die Bestimmung der Details der *Diffusion einzelner Atome* in fester Materie.

Wir werden die Wirkung der Strahlung über ihren Wellencharakter zu verstehen versuchen, wir werden die Strahlung als „Licht" betrachten und von all den Erscheinungen bei der Ablenkung von Licht[22] Gebrauch machen, die jedermann bekannt sind und auf dem Wellencharakter von Licht beruhen. Ja, wir werden Analogieschlüsse zu den Phänomenen bei Wasserwellen ziehen können.

Wir brauchen zur Beobachtung einzelner Atome Strahlung mit viel kürzerer Wellenlänge als sichtbares Licht, denn eine Faustregel besagt, dass man zum Betrachten von Objekten mit Licht beleuchten muss, dessen Wellenlänge nicht wesentlich größer sein darf als die Details des Objekts. Dies liegt am Wellencharakter des Lichts, das über Objekte, ohne diese zu sehen, „hinweg-wellt", wenn die Objekte viel kleiner sind als der Abstand der Wellenberge und Wellentäler. So wie eine Wasserwelle auf einem Teich durch kleine Objekte wie einen im Wasser stehenden dünnen Stab kaum verändert wird, während sie hinter großen Objekten wie Baumstämmen oder gar Inseln in anderer Weise weiterläuft, als wenn diese Hindernisse nicht vorhanden gewesen wären. Wenn man einen Stein in einen Teich wirft, erzeugt man eine Wasserwelle, deren Wellenberge und Wellentäler Abstände von Bruchteilen eines Meters haben. Ein Objekt muss daher von dieser Größe sein, damit man dahinter eine merkliche Veränderung erkennt. Physiker nennen diese jedermann bekannte Erscheinung „Interferenz".

Schlaue Beobachter können aus dem Wellenmuster den Abstand erschließen, in dem die Steine in das Wasser gefallen sind. Noch geschicktere Beobachter könnten sogar

---

[22] Häufig wird diese Ablenkung „Beugung" genannt.

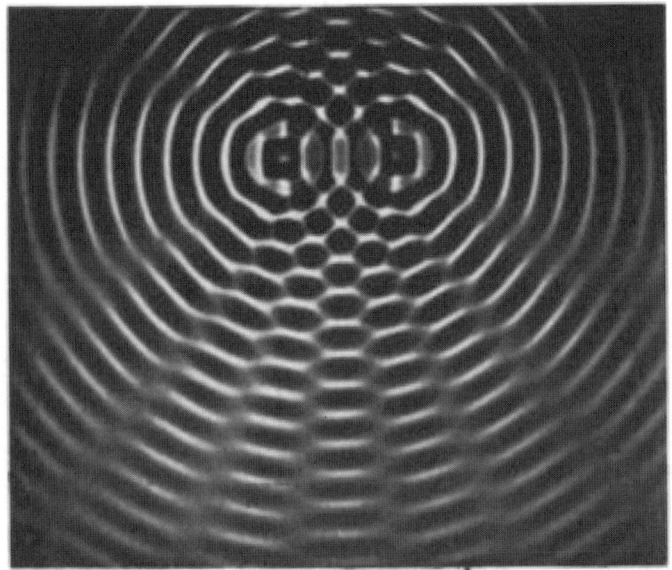

Interferenz von Wasserwellen. Von konstruktiver Interferenz spricht man dort, wo sich die Wellenberge und Wellentäler von den verschiedenen Erregungszentren verstärken, von destruktiver Interferenz dort, wo das Wellenmuster ausgelöscht ist. Hier handelt es sich nicht wirklich um Wasserwellen in einem Teich, sondern um ein Experiment in einer so genannten Wellenwanne, in der bei Physikvorlesungen Wellen-Experimente durchgeführt werden. Es interferieren die Wellen, die von den beiden Erregerzentren ausgehen. Aus Lüders (2009).

aus dem Wellenmuster hinter einem im Wasser stehenden Baum, auch wenn sie den Baum nicht gesehen haben, die Dicke des Baumstamms und seinen Ort erschließen. Versuchen Sie dieses Rätselspiel, wenn Sie das nächste Mal am Ufer eines Teichs stehen! Polynesier erzählen, dass ihre seefahrenden Vorfahren aus dem Interferenzmuster der Wellen eine Karte der Inseln unter dem Horizont erstellen und so die Navigation auf dem schier endlosen Pazifik beherrschen konnten.

Die Überlagerung der Wellen, die zu Verstärkung oder Auslöschung der Wellenberge und Wellentäler führt, beschränkt die Möglichkeiten des Licht-Mikroskops: Objekte, die wesentlich kleiner sind als der Abstand der Wellenberge und Wellentäler des Lichtes, können im Detail nicht untersucht werden. Der Physiker sagt, ihre Details können nicht „aufgelöst" werden, ein anschauliches Wort. Sichtbares Licht hat eine Wellenlänge zwischen 0,4 Mikrometern, das sind 0,4 tausendstel Millimeter (grünes Licht), und 0,8 Mikrometern (rotes Licht), daher können Objekte, die viel kleiner sind als 1 zehntausendstel Millimeter, nicht aufgelöst werden. Der Abstand der Atome in festem Material ist nur 1 Tausendstel davon, er beträgt ungefähr 2 zehntel Nanometer. Deshalb hat man keine Chance, mit sichtbarem Licht die atomaren Details in einem Festkörper aufzulösen. Man braucht Licht mit viel kürzerer Wellenlänge.

Seit 100 Jahren gibt es solches Licht, es ist Röntgenlicht, gemeinhin als Röntgenstrahlung bekannt. Max von Laue hat schon 1912 vorgeschlagen, wie man es einsetzen könnte, um die Details der atomaren Struktur von Festkörpern zu erschließen – die Lösung ist im Dreidimensionalen ein ähnliches Ratespiel wie für den Baumstamm im Teich. Walther Friedrich und Paul Knipping setzten wenige Wochen nach Laues Vorschlag seine Idee in die Praxis um und konnten die Atomanordnung in Steinsalz herausfinden. Das wird als die Geburtsstunde der Physik fester Körper angesehen.

Es dauerte dann 80 Jahre, bis auch *Diffusionsvorgänge* mit Röntgenlicht „gesehen" werden konnten. Dazu war die Entwicklung extrem leistungsstarker Röntgenquellen nötig, der Elektronen-Synchrotrons. Diese Röntgenstrahlung eröffnet ganz neue Wege für die Materialforschung. Davon etwas später.

Schon in der Mitte der Fünfzigerjahre revolutionierte nämlich ein „Abfallprodukt" der Kernphysik die Materialforschung, die damals ausschließlich in Kernreaktoren produzierte Neutronenstrahlung. Bertram Brockhouse[23] in Kanada streute Neutronen an Atomen in Flüssigkeiten, das bedeutet: Er studierte ihre Ablenkung durch Materie. Das Neutron ist selbst eine Welle, ist „Neutronen-Licht", das ist das Unbegreifliche, das wir akzeptieren müssen[24], und wir können die Ablenkung der Neutronen auch als Beugung von Wellen von Neutronen-Licht betrachten: Kleine Teilchen, wie das Neutron, das Elektron, agieren zugleich als Wellen. Die Abstände zwischen Wellenbergen und Wellentälern der Neutronenwelle sind viel kleiner als bei den Wasserwellen, sie betragen für sogenannte thermische Neutronen weniger als Millionstel Millimeter, also Nanometer. Brockhouse tat daher im Prinzip nichts anderes als der Beobachter von Wasserwellen, er studierte das Interferenzmuster hinter den Hindernissen, nur eben nicht hinter Baumstämmen, sondern hinter winzig kleinen Atomen. Damit würden sich große Objekte wie der Baumstamm im Wasser nicht untersuchen lassen, aber für die selbst nur wenige zehntel Nanometer messenden Atome ist Neutronen-Licht gerade richtig, um ihre Abstände und ihre Bewegung zu erkennen.

---

[23] Nobelpreis 1994.

[24] Die Tatsache, dass ein Neutron zugleich ein Teilchen und eine Welle ist, bleibt „unbegreiflich" im Sinne des Wortes, unser Gehirn kann es nicht verstehen, es gehört nicht zu den Begriffen unserer Erfahrung im normalen Leben, da geht es Physikern nicht anders als Nichtphysikern. Genauer betrachtet sind Teilchen wie das Neutron und das Elektron Pakete aus Wellen.

Brockhouse erkannte als Erster, dass auch die *Bewegung* von Atomen auf ihrer zwergenhaften Skala, der „Nano-skala", durch Neutronenwellen messbar ist. Denn wenn ein Atom während der Ablenkung des Neutronen-Lichts mehrmals seinen Gitterplatz wechselt, dann werden die Wellen, die von den verschiedenen Plätzen gebeugt wur-den, im Allgemeinen nicht mehr zusammenpassen, sie werden sich stören. Statt zu konstruktiver Interferenz wird es im Allgemeinen zu destruktiver Interferenz kommen. Je schneller die Bewegung, also die Diffusion, desto unschär-fer ist das Wellenmuster, desto größer ist die Unschärfe der Frequenz. Man muss nur einen Strahl von Neutronen auf das zu untersuchende Material lenken und dahinter das Wellenmuster, die Interferenz der Wellen betrachten. Und dessen Veränderung, dessen Unschärfe durch die Be-wegung der Atome!

Auf dem Weg zum Röntgen-Laser – zerstörende Waffe oder feinste Sonde?

Wie schon früher erwähnt, kamen die guten alten Rönt-genstrahlen bei der Untersuchung von Bewegungsvor-gängen im Festkörper vorerst nicht zum Zug. Sie wurden durch Methoden verdrängt, die alle dem Höhenflug der Kernphysik nach dem Zweiten Weltkrieg entsprungen wa-ren. Von Neutronen aus den Spaltreaktoren [Brockhouse 1955, Hempelmann 2000, Springer 2005], dem Möß-bauer-Effekt [Vogl 2005] und von verwandten Methoden wie der magnetischen Kernresonanz [Kärger 2005], heute meist Magnetresonanz genannt und mittlerweile ein Stan-dardverfahren der Medizin.

In neuerer Zeit hat sich diese Entwicklung jedoch umgedreht: Die Röntgenstrahlung ist triumphal zurückgekehrt als ein geeignetes Instrument, um nicht nur Ordnung und Unordnung der Atome im Festkörper und zunehmend in biologischen Materialien auszuleuchten, sondern auch die Bewegungen der Atome zu verfolgen. Diese Entwicklung ist den Elektronen-Synchrotrons zu verdanken. Diese oft kilometergroßen Ringe sind ursprünglich auch Kinder der Kernphysik, wurden für die Beschleunigung von Kernteilchen konzipiert und gebaut. Sie produzierten Röntgenstrahlung als ursprünglich ärgerlichen Abfall, denn die Energie, die in der Röntgenstrahlung steckte, ging den Teilchen verloren. Die Kernphysiker hätten diese Energie lieber in die Beschleunigung der Teilchen gesteckt. Doch bald eröffnete diese „Synchrotron-Strahlung", wie sie folgerichtig genannt wurde, neue Wege in der Materialforschung, nicht nur für die Festkörperphysik, sondern auch für Chemie und Biologie.

Und schließlich gelang es sogar, Atomkerne mit Röntgenstrahlung zum „Fluoreszieren" zu bringen: Nach zähen, vorerst ergebnislosen Experimenten gelang Erich Gerdau und seinem Team in Hamburg der Mößbauer-Effekt mit Röntgenstrahlung, das bedeutet, sie konnten Kerne mit Röntgenstrahlung statt mit Gammastrahlung anregen [Gerdau 1985]. Möglich wurde das durch die extreme Röntgenstrahl-Stärke der neuen Röntgenquellen, der Synchrotrons. Die Synchrotron-Strahlung kommt in sehr kurzen intensiven Pulsen und mit sehr scharf in der Richtung gebündeltem Strahl. Die Atomkerne absorbieren die Strahlung und senden sie nach kurzer Zeit wieder aus.

Wenn sich nun die Atome während der Wiederaussendung bewegen, dann kann man dies der wieder ausgesandten Strahlung ansehen. Je schneller die Bewegung, also die

Diffusion, desto unschärfer ist das Wellenmuster, desto größer ist die Unschärfe der Frequenz. Man muss nur einen Röntgenstrahl auf das zu untersuchende Material lenken und dahinter das Wellenmuster, die Interferenz der Wellen betrachten. Und dessen Veränderung, dessen Unschärfe durch die Bewegung der Atome!

Es reizt mich, hier niederzuschreiben, wie die Idee zu diesen Experimenten entstand. Warum? Weil sie, wie so manche Idee, in einer ruhigen Stunde im lockeren Gespräch zwischen befreundeten Kollegen geboren wurde und dies beispielhaft zeigt, wie Ideen manchmal, vielleicht sogar meist, geboren werden. Ich meine, dass beim angestrengten Denken am Schreibtisch kreative Ideen eher selten entstehen. Sehr wohl ist solch angestrengtes Denken aber nötig, um die Logik von aufsteigenden Ideen zu analysieren. Leider müssen die meisten Ideen bald wieder verworfen werden, weil sie sich als doch nicht ganz so genial herausstellen, wie es im ersten Augenblick den Anschein hatte. Das intensive Nachdenken ist erst recht nötig, um die experimentelle Realisierung zu konzipieren.

Wie also kam die Idee zu den Synchrotron-Experimenten zustande, mit denen schließlich der einzelne Atomsprung, der „Elementarsprung der Diffusion" bestimmt wurde? In meiner Erinnerung war es folgendermaßen. An einem warmen Septembernachmittag saß ich mit einigen befreundeten Kollegen – alle ehemalige Garchinger Wissenschaftler, jetzt Professoren an verschiedenen Universitäten im deutschen Sprachraum – etwas verschlafen und erschöpft nach einem Konferenztag in einer Pizzeria in Rimini an der Adria. Es wollte keine ernsthafte Diskussion mehr aufkommen, alle waren zu müde. Der jüngste Kollege, Winfried Petry, jetzt Professor in Garching, sprach nebenbei von der Arbeit zweier Russen [Smirnov 1995], die die Auswirkungen der Diffusion auf die Wieder-Aussendung von Röntgenstrahlung nach Anregung eines Atomkerns durch Synchrotron-Strahlung errechnet hatten. Das klang für mich trotz aller Verschlafenheit aufregend. Er wolle diese Arbeit übermorgen in seinem Vortrag präsentieren. Ich war sofort hellwach und erbat die Arbeit für eine Nacht. Widerstrebend händigte er sie mir aus, er müsste sie eigentlich heute Nacht noch studieren, er wisse noch nicht genau, was er davon vortragen solle.

Die Arbeit war für mich eine Erleuchtung: Sofort plante ich ein Experiment, und wenige Wochen später machten wir einen „Schnellschuss". Als Experimentalphysiker folgten wir dem uns etwas weltfremd erscheinendem Vorschlag der Theoretiker nicht ganz – wie sich später heraus-

Das Europäische Synchrotron (ESRF) in Grenoble. © European Synchotron Radiation Facility.

stellte war das gut so, wir hätten sonst frustriert aufgegeben. Wir folgten nur ihrer Idee und modifizierten sie.

Was war diese Idee? Ganz wesentlich ist, dass man Synchrotron-Strahlung in sehr kurzen Pulsen von weniger als 100 Pikosekunden (piko bedeutet noch 1 000-mal kleiner als nano, eine Pikosekunde ist also 1 tausendstel billiardstel Sekunde) erzeugen kann. Wenn diese Strahlung Atomkerne des Eisens anregt, die dann während ungefähr 200 Nanosekunden die Strahlung wieder aussenden, dann ist in der Zwischenzeit ausreichend Gelegenheit, wie in einem Film zu beobachten, was das Atom und sein Kern tun, wie sie sich bewegen. Man hat 200 Nanosekunden Zeit, um sozusagen „mitzufilmen". Wir können einen Film produzieren, in dem wir im Abstand von einer Nanosekunde schauen, was sich getan hat.

Die volle Wahrheit ist ein bisschen komplizierter. Nicht nur *ein* Atomkern wird jeweils von einem kurzen Puls der Synchrotron-Strahlung angeregt, sondern natürlich viele Kerne gleichzeitig. Die angeregten Kerne senden die Strahlung vollständig im Takt wieder aus, die Wellen interferieren in Vorwärtsrichtung konstruktiv. So, wie der Röntgenstrahl hereinkam, so geht er scharf wieder raus. Wenn, ja wenn, die Atome sich zwischendurch nicht bewegen. Wenn sich die Atome dagegen während dieser Zeit bewegen, ihre Plätze wechseln, diffundieren, dann kommt es zu Konfusion, und mit der konstruktiven Interferenz ist es vorbei, dann geraten die Wellen durcheinander, die Interferenz wird im wahrsten Sinn des Wortes verschwimmen. Das bewirkt, dass der von den Kernen wieder ausgesandte scharfe Strahl schnell abstirbt, seine Intensität lässt schnell nach. Aus der Abhängigkeit von Zeit und Kristallrichtung lassen sich die Details des Diffusionssprungs ermitteln.

Die Ergebnisse der Synchrotron-Experimente [Sepiol 1998] passten haargenau zu denen früherer Experimente mit dem Mößbauer-Effekt [Sepiol 1993], waren aber mit dem scharfen hochintensiven Synchrotronstrahl viel schneller und exakter durchzuführen als mit den im Vergleich dazu schwachen radioaktiven Quellen, die man für den Mößbauer-Effekt zur Verfügung hat.

Aber diese Forschung blieb auf die Diffusion von Eisen-Atomen beschränkt, denn nur für die Eisen-Atomkerne ist die Empfindlichkeit des Mößbauer-Effekts für die Untersuchung der Diffusion ausreichend.

Doch mit dem intensiven und hochfein gespitzten Röntgenstrahl des Synchrotrons musste doch noch mehr über Diffusion herauszufinden sein! Die Möglichkeiten konnten doch nicht auf die Diffusion von Eisen-Atomen eingeschränkt sein! Der Synchrotron-Strahl ist doch fast ein Röntgen-Laser! Aber ist er das wirklich? Es käme auf einen Versuch an.

Der Licht-Laser hat es ermöglicht, Analysen und Eingriffe auf zahlreichen Gebieten der menschlichen Aktivität und der Biosphäre mit einer vorher unvorstellbaren räumlichen Feinheit – Auflösung heißt das in der Wissenschaft – zu erzielen: bei der Materialveränderung, bei der Tumor-Bekämpfung und bei der Analyse von Schadstoffen in der Natur.

Auf einer Tagung hörte ich Gerhard Grübel darüber sprechen, dass man nun auch mit – bisher nur teilweise – kohärentem[25] Röntgenlicht des Grenobler Synchrotrons die Bewegung von größeren Teilchen, wie sie Brown fast

---

[25] Das Wort „kohärent" kommt vom lateinischen cohaere, das bedeutet zusammenhängen, zusammenpassen. Mit kohärenter Strahlung wird Strahlung bezeichnet, deren Wellenzüge zusammenpassen, „im Tritt" oder im „Takt" sind.

200 Jahre früher wimmeln gesehen hatte, durch die Störung der Kohärenz verfolgen könnte.

Wie funktioniert solch ein Experiment? Wenn man kohärentes Licht auf eine Probe fallen lässt, dann werden die Wellenzüge abgelenkt und für manche Richtungen konstruktiv interferieren, für andere weniger. Das führt auf einem Bildschirm zu einem Muster aus hellen und dunklen Flecken, hell, wo konstruktive Interferenz das Licht verstärkt, dunkler, wo destruktive Interferenz es schwächt und ganz dunkel, wo sie es ganz auslöscht. Modernste Vielfach-Detektoren, bestehend aus mehr als 1 Million flächenhaft angeordneten winzigen Halbleiter-Detektoren, von denen jeder einen Durchmesser von weniger als 1 zehntel Millimeter hat, registrieren das Flecken-Muster. Wenn sich nun die Teilchen bewegen, dann ändert sich das Flecken-Muster. Es kann ein heller Fleck entstehen, wo vorher ein dunkler war und ein dunkler Fleck, wo vorher ein heller war. Das Flecken-Muster (engl. „speckle pattern") wird sich also bei der Bewegung der Teilchen verändern. Und aus dieser Änderung, insbesondere aus der Geschwindigkeit der Änderung, lässt sich die Unruhe der Teilchen, ihre Diffusion ablesen.

Mit der sehr kohärenten Strahlung von Licht-Lasern, die sichtbares Licht aussenden, hat man es schon vor Jahren geschafft, die Bewegung von Teilchen in Gasen und durchsichtigen Flüssigkeiten zu verfolgen. Aber wegen der großen Wellenlänge sichtbaren Lichts konnte man wieder nur relativ große Teilchen aus vielen 1 000 Atomen verfolgen, so wie Perrin keine einzelnen Atome im Lichtmikroskop sehen konnte. Denn die räumliche Auflösung kann, wie schon vorher betont, nicht besser werden als die Lichtwellenlänge, also etwas besser als 1 tausendstel

Millimeter. Das bedeutet, dass man Strukturen, die feiner sind als 1 tausendstel Millimeter, nicht im Detail erkennen und ihre diffusive Veränderung nicht verfolgen kann. Mit dem Röntgen-Laser aber sollte man noch einmal 1 000-fach kleinere Strukturen auflösen können. Würde man auch das einzelne Atom verfolgen können?

Grübel erklärte, man untersuche die Korrelation des speckle-Musters, also die Systematik seiner Veränderung nach verschiedenen Zeitintervallen und nenne die Methode etwas umständlich Röntgen-Photonen-Korrelations-Spektroskopie, engl. X-ray photon correlation spectroscopy. Und weil das Wort zu lang ist, verwende man im Allgemeinen das Akronym XPCS.

Ich war mäßig begeistert, denn die Beobachtung der Diffusion größerer Teilchen ginge ja auch mit normalem Laserlicht, wozu der Aufwand der riesigen teuren Synchrotrons? Ja, erwiderte Grübel, aber eben nicht für undurchsichtige Substanzen, da brauche man schon Röntgenstrahlung. Als „Atomforscher", der sich für die Bewegung des einzelnen Atoms interessiert, fragte ich weiter: „Aber würde das nicht auch für einzelne Atome möglich sein?" Die Röntgenstrahlung mit ihrer kurzen Wellenlänge wäre doch auf die Details atomarer Abstände empfindlich. Er dachte kurz nach, und als pfiffiger Forscher ging er sofort darauf ein: „Das ist unklar, aber versuchen wir es doch einfach!" Ich erwiderte, es würde „Mäuse-Melken" werden, wie die Physiker sagen, wenn sie aus kaum erkennbaren Daten Information ausquetschen. Denn der Anteil an Röntgen-Licht, der von einzelnen Atomen kommen würde, würde viel kleiner als der von gröberen Teilchen sein. Man würde deshalb einen Röntgen-Laser brauchen, damit das Röntgenlicht vollständig kohärent sei.

Der amerikanische Präsident Reagan hat schon vor fast 20 Jahren im Rahmen seiner „Star Wars"-Pläne einen solchen Röntgen-Laser bei seinen Militär-Physikern und -Technikern „in Auftrag gegeben": Er war von der Idee angetan, damit sowjetische Spionage-Satelliten und Raketen abschießen zu können, doch alle Physiker und Techniker, auch diejenigen, die an Reagans „Star Wars"-Projekt gut verdienten, wussten, dass dies ein Hirngespinst des alten Präsidenten war, das ihm ein Scharlatan eingeredet hatte. Es gab schließlich, wie nicht anders zu erwarten, kein militärisch brauchbares Ergebnis.

Die heutigen Synchrotron-Röntgenquellen sind dagegen noch nicht imstande, hochkohärente Strahlung wie die Licht-Laser zu erzeugen, aber sie liefern schon einen kleinen kohärenten Anteil an „Röntgen-Licht". Was tun, um die Bewegung einzelner Atome zu verfolgen? Wir mussten den Röntgenstrahl sehr stark beschneiden und aus großer Entfernung betrachten. Dann erfasst man Strahlung, deren Wellenzüge einigermaßen „im Tritt" sind. Natürlich bezahlt man durch umso kleinere Röntgenlichtstärke, je mehr man den Strahl beschneidet und je weiter man vom Synchrotron weggeht.

2009 ist Michael Leitner, Lorenz Stadler und Mitarbeitern das „Mäuse-Melken" tatsächlich gelungen. An einem besonders geeigneten System, der Legierung Kupfer-Gold, konnten sie mit XPCS am Grenobler Synchrotron die Diffusion einzelner Goldatome über die Speckle-Fluktuationen „sehen" [Leitner 2009/2]. Das ist sicher nur ein Anfang, denn neue Synchrotronquellen werden wesentlich kohärenteres Röntgenlicht liefern als das Grenobler Synchrotron ESRF [Stephenson 2009]. Und heute sind tatsächlich Röntgen-Laser im Bau. Nicht solche, mit denen man kriegerisch über viele Kilometer zielgenau militärische Objekte abschießen kann, wie es Präsident Reagans Traum war, sondern Röntgen-Laser mit nadelfeinem Strahl und höchster Lichtstärke, um friedlich die Materie zu durchleuchten.

Bleibt Reagans Traum, sowjetische Satelliten und Raketen mit einem Röntgen-Laser abzuschießen, als Gefahr für unsere geplanten Experimente: wird nicht der extrem feine und lichtstarke Röntgenstrahl die durchleuchtete Materie in winzigen Bruchteilen einer Sekunde zerstören so wie der Strahl in Reagans Traumvorstellung die sowjetischen Satelliten? Wir werden sehen, vor üblen Überraschungen ist man bei einem neuen Experiment nie gefeit. Und die erfreulichen und leider auch die unerfreulichen Überraschungen machen das Abenteuer der Forschung aus.

Invasionen im Zuge von Globalisierung und Klimawandel

Ich habe schon eingangs des vorhergehenden Kapitels darauf hingewiesen, dass es uns die Natur bei kristallinen Festkörpern einfach macht: Weil das Gitter hochsymmetrisch und periodisch ist – die Atome sitzen in Reih und Glied und das in allen drei Dimensionen –, gibt es nur wenige voneinander verschiedene Sprungmöglichkeiten. Zwischen denen müssen Experiment und dahinterstehende Theorie entscheiden. Und dazu sind gar nicht sehr komplizierte Rechnungen nötig. Das geht sozusagen mit Papier und Bleistift, wenn auch in der Realität heute Computer hilfreich sind und die Arbeit erleichtern.

Anders sieht es bei Ausbreitungsvorgängen von Lebewesen über Land aus und noch viel komplexer für geistige Güter wie Informationen über Neues oder Sprachen. Hier wären einfache Rechenmodelle, wie sie für den hochsymmetrischen Festkörper ausreichen, völlig unzureichend. Zu verschiedenartig sind die Bedingungen, die das diffundierende Lebewesen, die sich ausbreitende Idee nach jedem einzelnen Diffusions-Schritt neu erwarten. Hier helfen nur Computer-Simulationen, in denen all die Details – oder möglicht viele – erfasst werden. Mit den heutigen Computern sind schon recht komplexe Bedingungen erfassbar, die noch vor einigen Jahren unbehandelbar gewesen wären. Man könnte sagen: Die moderne Technik hat diese Computer gerade rechtzeitig geschaffen. Andererseits hat die moderne Technik nicht nur immer bessere Computer und vorher schon viele andere Erleichterungen für unser Leben hervorgebracht, sie bringt zugleich eine Flut von Problemen mit sich, unter anderem jene, die durch Globalisierung und menschengemachten Klimawandel entstehen. Für den Forscher sind diese Probleme hochinteressant, für die Menschheit möglicherweise bedrohlich.

Im Folgenden besprechen wir Ausbreitungsvorgänge, die einerseits auf der zunehmenden Vernetzung der Welt, andererseits auf dem Klimawandel beruhen. Und behandeln sie mit Computer-Simulationen.

Die Ausbreitung der Rosskastanien-Miniermotte

Einmal, als ich im Spätsommer aus Grenoble kommend in Wien eintraf, es muss in den frühen Neunzigerjahren gewesen sein, erstaunten mich die braunen Blätter der Rosskastanien-Bäume. Meine Nachforschungen bei befreundeten Biologen ergaben, dass die Blätter von den Larven von Cameraria ohridella befallen waren, der Rosskastanien-Miniermotte.

Die Rosskastanien-Miniermotte, Cameraria ohridella, wurde 1985 an Rosskastanien in der europäischen Heimat dieses Baumes, dem südlichen Balkan in der Gegend des Ochridsees entdeckt, von dem sie ihren Namen erhielt. Wie sie dort entstanden ist oder woher sie gekommen ist, scheint unbekannt zu sein. Bekannt ist nur, dass sie sich

Rosskastanien-Miniermotte. Ihre Länge beträgt einige Millimeter.
© A. Schwarz.

vom Ochridsee aus seither über Europa ausbreitet. In unseren Gegenden hat sie im Jahr drei Generationen. Die Feinde des Insekts diffundieren nicht hinreichend schnell nach, daher kann sich die Motte relativ ungestört vermehren und ihr Lebensgebiet ausdehnen. Versprühtes Gift und penibel weggerechtes Laub bremsen die Ausbreitung, aber die Diffusion der Motte geht weiter.

Das Puppenstadium der Motte sind die linsenförmigen braunen Einschlüsse mit ca. 0,5 cm Durchmesser in den Kastanienblättern, manchmal zehn in einem einzigen Blatt. Sie sind der Grund für die ästhetische Beeinträchtigung des Baumes und den frühen Laubabwurf. Die Motte fliegt kaum, sie schwirrt vielmehr und legt aktiv keine wesentlichen Strecken zurück. Über geringe Entfernungen wird sie vom Wind vertragen.

So wenig erfreulich die optische Beeinträchtigung unserer Kastanienbäume durch den Mottenbefall ist, umso erfreulicher ist die Miniermotte als wunderbares Forschungsobjekt, und zwar aus einer ganzen Reihe von Gründen:

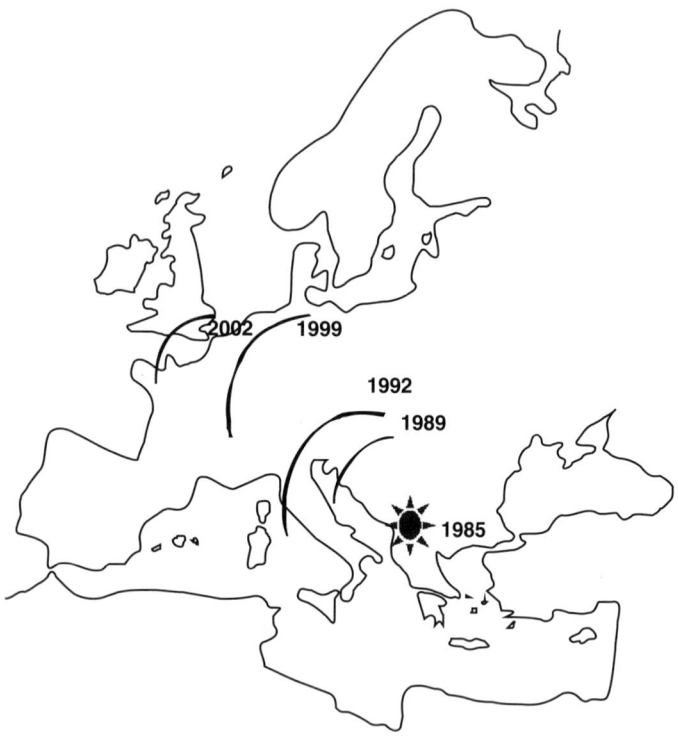

Ausbreitungsfront der Rosskastanien-Miniermotte Cameraria ohridella in Europa in den Jahren 1985 bis 2002. 1989 war Cameraria
ohridella im östlichen Österreich angekommen, 1992 begann sie,
Deutschland zu erobern. Bis 1999 hatte sie, von Bayern kommend,
praktisch in ganz Westdeutschland die Rosskastanien befallen. Im
Jahr 2002 übersprang sie den Kanal und breitet sich seither auf
den britischen Inseln aus.

Erstens läuft ihre Ausbreitung vor unseren Augen ab,
wir müssen nicht wie bei den Pionieren des Ackerbaus
in die Jungsteinzeit hinuntersteigen, in die Ausgrabungen
sehr vermoderter Dinge, aus denen wir nur beschränkte
Schlüsse ziehen können. Die Miniermotte sehen wir, wir

sehen sie schwirren unter unseren Kastanienbäumen, wir sehen ihre Wirkungen am verfärbten Laub.

Zweitens können wir die Folgen von Kolonisationsprozessen über weite Entfernungen beobachten: An Autobahnparkplätzen, wo Motten nach unfreiwilligen Reisen wieder ins Freie entschlüpft sind, entstehen neue Ausbreitungsquellen.

Drittens – und das ist besonders befriedigend für den Forscher – läuft der Ausbreitungsvorgang in wenigen Jahren ab, einzelne Forscher können ihn vollständig verfolgen.

Die deutschen Ökologen J. F. Freise und W. Heitland haben in den Jahren 1996 bis 1999 die Ausbreitung des Kastanienbefalls durch eine große Fragebogenaktion quer durch Teile von Westdeutschland dokumentiert. Besonders interessant daran ist, dass diese Ausbreitung nicht wie eine einfache Diffusionswellenfront abläuft, sondern dass weit vor dieser Front Inseln starker Schädigung auftauchen, die bei Fortschreiten der Front wieder geschluckt werden.

Marius Gilbert in Brüssel ist es zusammen mit den beiden deutschen Forschern gelungen, dieses komplizierte Muster rechnerisch zu simulieren [Gilbert 2004]. Er nimmt zwei verschieden schnelle Diffusionsprozesse an: die natürliche Ausbreitung der Motten und eine ca. 1 000-mal schnellere Ausbreitung im Wege des Transports über größere Entfernungen durch die modernen menschlichen Transportmittel wie Autos und Eisenbahnzüge. Die natürliche Ausbreitung der Motten würde sehr langsam ablaufen, denn Cameraria ohridella ist, wie schon beschrieben, eine „Schwirrmotte", die selbstständig nicht über größere Entfernungen fliegt, sondern nur um die

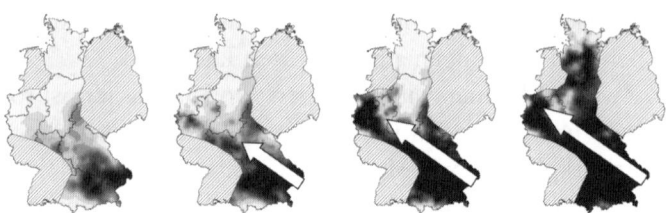

Befall der Rosskastanien durch Cameraria ohridella in Deutschland in den Jahren 1996, 1997, 1998 und 1999 (von links nach rechts). Die Grautöne symbolisieren die Stärke des Befalls. Man erkennt Ausbreitungsinseln vor der Ausbreitungsfront. In den schraffierten Bereichen (z. B. neue Bundesländer) liegen nicht hinreichend viele Beobachtungen vor. Nach Gilbert (2004).

Kastanie schwirrt, auf deren Blatt sie geboren wurde, und über geringe Entfernungen vom Wind vertragen wird. Dies gibt bei den drei Generationen der Motte unter mitteleuropäischen Bedingungen eine Verteilung mit einer jährlichen Breite von nur wenigen Kilometern.

Viel wesentlicher für die erschreckend schnelle Ausbreitung muss der künstliche Transport über große Entfernungen sein, der zu den weit im Vorfeld auftauchenden „Inseln" mit starkem Befall führt. Für diesen Transport macht Gilbert die Annahme, dass seine Häufigkeit der Bevölkerungsdichte entspricht. Er nimmt an, dass Miniermotten von menschlichen Transportmitteln besonders häufig dorthin verfrachtet werden, wo Menschen hinfahren, also in Gebiete hoher Bevölkerungsdichte, und argumentiert weiter, dass sich die Motten dann besonders gut in ihrer neuen Heimat ausbreiten werden, wenn es dort viele Parks mit Kastanienbäumen gibt, also wieder in gut besiedelten Gegenden.

In Gilberts Beschreibung der Ausbreitung der Miniermotte und in seinen Vorhersagen begegnen wir erstmals der Methode der Computer-Simulation. Bei Ausbreitungsvorgängen lebender „Teilchen" in einer strukturierten Landschaft können mit Simulationen natürlich viel mehr Details erfasst werden als mit pauschalen Diffusionsgleichungen.

Gilberts Berechnungen bedienen sich der statistischen Methode der „zellulären Automaten". Dazu wird das Land in kleine rechteckige Flächenstücke („Zellen"), bei Gilbert 2,5 mal 2,5 Kilometer, unterteilt. Flächenstücke, in denen bereits Befall festgestellt wurde, werden als Ursprung einer Gauß-Verteilung angesetzt. Es wird nun angenommen, dass bisher unbefallene Flächenstücke im nächsten Zeitschritt (bei Gilbert 1/3 Jahr) mit einer Wahrscheinlichkeit befallen werden, die aus der Entfernung von der nächsten bereits befallenen Zelle und der Bevölkerungsdichte resultiert. Dann wird für jede Zelle eine Zufallszahl zwischen 0 und 1 ermittelt, und Zellen, in denen die Befallswahrscheinlichkeit unter der Zufallszahl liegt, werden als unbefallen angesetzt. Für die Jahre 1996 bis 1999 ergeben sich 12 Generationen, die Prozedur wurde daher zwölfmal iterativ durchgeführt.

Schließlich werden die Annahmen so angepasst, dass die Ausbreitung optimal den Beobachtungen entspricht. Es erweist sich, dass das Ausbreitungsmuster der Miniermotte, speziell die vorgeschobenen Inseln des Befalls in stark bevölkerten Gegenden, mit dieser Methode befriedigend beschrieben werden kann: das frühzeitige Auftreten im Ruhrgebiet und um Hamburg und das wesentlich langsamere Nachrücken in die dünner besiedelten Gebiete an der früheren Grenze zur DDR und im deutschen Mittelgebirge. In einem Land wie Deutschland, in dem es keine größeren natürlichen Barrieren wie Hochgebirge, Wüsten oder Meere gibt, beschreibt dieses Modell sehr gut die tatsächlichen Beobachtungen.

Ihre Feuertaufe erhielt die an die deutschen Werte angepasste Methode durch erfolgreiche Beschreibung der Ausbreitung nach Westeuropa, speziell nach Frankreich. Auch hier wieder wurden besonders das Gebiet um Paris und die großen Städte sehr früh befallen.

Wenige Jahre später führte uns der Zufall mit dem Team der erfahrenen Biologen und Ökologen Franz Essl, Stefan Dullinger und der jungen Kollegin Ingrid Kleinbauer zusammen. Wir lernten, dass im Zuge von Globalisierung und Klimawandel zahlreiche fremde Tier- und Pflanzenarten mit der Invasion begonnen haben und dass viele andere noch zu erwarten sind. Unsere Zusammenarbeit führte zur Beschreibung der bisherigen und der Prognose der künftigen Ausbreitung einer ausgesprochen unerfreulichen Pflanzenart, die den Klimawandel und die Globalisierung „schamlos ausnutzt", des aus den USA stammenden Ragweeds, einer Pflanze, unter der bisher nur in den USA

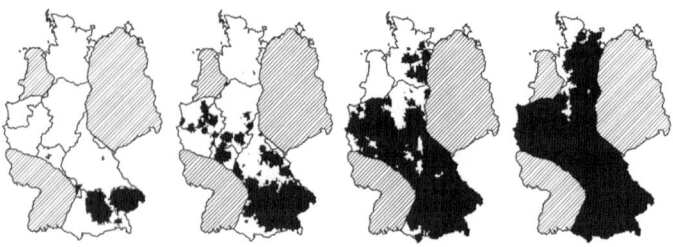

Simulation des Befalls der Rosskastanien durch die Miniermotte Cameraria ohridella in Deutschland in den Jahren 1996, 1997, 1998 und 1999 (von links nach rechts). Ein Vergleich mit den tatsächlichen Befunden in der vorhergehenden Abbildung zeigt recht gute Übereinstimmung. Nach Gilbert (2004).

zahllose Menschen gelitten haben, die aber jetzt auch bei uns vielen Menschen bereits erheblich zu schaffen macht.

Die Invasion des Ragweeds in Mitteleuropa und eine dramatische Prognose

Cameraria ohridella, die Rosskastanien-Miniermotte, der Einwanderer vom Ochridsee, fügt den Rosskastanien zwar ästhetischen Schaden zu, schädigt sie aber im Allgemeinen nicht langfristig. Dagegen sind die gesundheitlichen Gefahren für Menschen durch Allergien, die von Neophyten, das bedeutet „neuen Pflanzen", wie dem Ragweed, ausgelöst werden, fast unabsehbar.

Ambrosia artemisiifolia mag dem Nichtbotaniker wie unser heimischer Gemeiner Beifuß, Artemisia vulgaris, erscheinen, eine früher häufig verwendete Gewürzpflanze, die gern an Straßenrändern wächst. Aber zum Unterschied vom Gemeinen Beifuß entwickelt sie erst im Spätsommer hohe kerzenförmige Blütenstände und verbreitet ihre Pollen lange, nachdem der Pollenflug heimischer Arten vorbei ist. Ambrosia artemisiifolia, in Amerika „ragweed" genannt, ist ein Einwanderer, ein Neophyt, aus Nordamerika und bewirkt, dass Allergiker am Ende des Sommers noch einmal empfindlich auf Pollen reagieren. Solche Einwanderer sind kein neues Phänomen. Die Robinie (falsche Akazie) ist ein Beispiel für Einwanderung und Ausbreitung seit Jahrhunderten. Sie verschönt die Hecken, wenn sie blüht und duftet, drängt aber andere Arten zurück, sodass Eindämmungsmaßnahmen notwendig sind.

Die Invasion nicht einheimischer Pflanzenarten nimmt in den letzten Jahren stark zu, wie dem Buch von Essl und

Rabitsch [Essl 2002] zu entnehmen ist, die Gründe sind die Zunahme des Austausches von Gütern und damit auch Samen in der ganzen Welt und für wärmeliebende Arten, die bisher bei uns nicht gedeihen konnten, die weltweite Erwärmung. Eine Vorhersage über die weitere Entwicklung der Invasoren ist daher höchst erwünscht, besonders in Hinblick auf die bereits deutlich wahrnehmbare Klimaveränderung in Europa, menschengemacht oder eine natürliche Schwankung wie oft seit dem Beginn der Eiszeiten vor ca. 1 Million Jahren. Jedenfalls ist nicht mehr zu bezweifeln, dass wir einen Temperaturanstieg erleben, der zahlreichen invasiven Arten zunehmenden Spielraum lässt.

Das Ragweed ist eine Ruderalpflanze, das bedeutet, dass sein Habitat gerne von Menschen gestörtes Terrain wie Schuttflächen, Bahndämme und Straßenränder ist, es wächst aber auch als „Unkraut" in Getreidefeldern. Das Ragweed stammt aus wärmerem und trockenerem Klima, als es bisher und gegenwärtig noch in weiten Teilen Mitteleuropas herrschte. Es ist anzunehmen, dass der in den kommenden Jahren zu erwartende weitere Temperaturanstieg das Habitat von Ragweed stark erweitern wird.

Ragweed ist einjährig und breitet sich aus, indem die Samen von Lebewesen oder Fahrzeugen transportiert werden. Die Pflanze wurde erstmals 1887 in Österreich festgestellt, in den folgenden Jahrzehnten aber nur sehr sporadisch. Seit 1960 ist ein starker Anstieg der Funde zu verzeichnen. Besonders ausführliche Registrierungen der Standorte von Ragweed wurden in den Jahren seit 1990 gemacht. Daraus lässt sich die jährliche Zunahme im Befall bestimmen.

Die folgende Abbildung zeigt die Verteilung des Ragweeds in Österreich und Deutschland bis zum Jahr 2005.

Ragweed (Ambrosia artemisiifolia). Diese Pflanze fand ich im Spätsommer (Ende August/Anfang September 2009) nach Rückkehr aus dem Urlaub zu meiner Überraschung in meinem Garten vor. Der prächtige Blütenstand, der kurze Zeit später zu kräftigem Allergien auslösenden Pollenflug geführt hätte, ist deutlich erkennbar. Die Pflanze wurde gleich nach dieser Aufnahme vernichtet.

Wie bei Gilberts Beschreibung der Ausbreitung der Miniermotte ist das Land in Zellen eingeteilt (ca. 5 km × 5 km). Schwarze Zellen bedeuten, dass mindestens ein sicherer Fund der Pflanze in dieser Zelle verzeichnet wurde. Es wird angenommen, dass sich die Pflanze dort, wo sie einmal aufgetreten ist, dauerhaft angesiedelt hat.

Da es sich wie bei der Miniermotte bei der Ausbreitung des Ragweeds um einen Diffusionsvorgang von Lebewesen in der stark strukturierten Landschaft handelt, haben

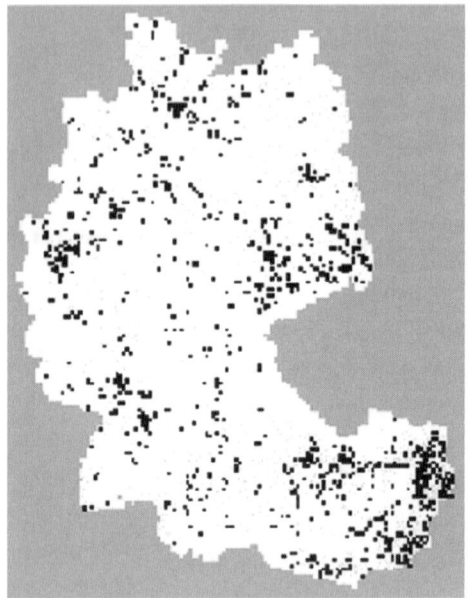

Verbreitung des Ragweeds (Ambrosia artemisiifolia) in Österreich und Deutschland bis 2005. Die schwarzen Zellen markieren nachgewiesene Standorte. Nach Essl (2010).

wir seine Ausbreitung für verschiedene prognostizierte Klimaszenarios und damit Habitateignungen unter Zugrundelegung von Computer-Simulationen beschrieben [Smolik 2010]. In den Computer-Simulationen wurde die Ausbreitung durch eine Gauß-Verteilung simuliert. Viel detaillierter als für die Ausbreitung der Miniermotte wird das Habitat des Ragweeds durch eine Fülle von Einzelheiten beschrieben, nicht einfach nur durch einen einzigen Parameter, wie bei der Miniermotte die Bevölkerungsdichte. Zu diesen Einzelheiten gehören die Höhe über dem

Meeresspiegel und die darauf und auf den Klimaprognosen resultierenden Temperaturen, die wirtschaftliche Landnutzung wie die Dichte der Verkehrsadern und der Anteil an Ackerflächen.

Die Simulationen wurden von Jahr zu Jahr an die Daten für die zunehmende Ansiedlung von Ragweed angepasst, so lange, bis die Simulationen und die Beobachtungen über alle Jahre optimal übereinstimmten.

Mit der aus den Simulationen für die Jahre 1990 bis 2005 ermittelten Gauß-Verteilung wurde nun in die Zukunft simuliert und eine Prognose für die Ausbreitung erstellt.

Alle Klimavoraussagen sagen für die nächsten Jahrzehnte einen deutlichen Temperaturanstieg voraus. In jedem der möglichen Temperatur-Szenarien muss man mit einer beschleunigten Ausbreitung von Neophyten rechnen, die wie das Ragweed aus wärmerem Umfeld stammen. Das gilt für Österreich und Süddeutschland besonders für die niedrig gelegenen wärmeren Gebiete und ganz allgemein entlang der Flussläufe und Verkehrslinien. Die folgende Abbildung zeigt die auf der Grundlage eines recht drastischen, aber leider nicht völlig unrealistischen künftigen Klimaszenariums (globale Erwärmung der Erde bis 2050 um 3 Grad Celsius) prognostizierte Verbreitung des Ragweeds in den Jahren bis 2050 in Österreich und Deutschland. Das Ragweed wird danach wesentlich größere Gebiete besiedeln als gegenwärtig. Die gesundheitlichen Folgen und die damit verbundenen Kosten werden erheblich sein.

Wie dramatisch die Ausbreitung des Ragweeds und anderer Wärme liebender Neophyten tatsächlich ablaufen wird, wird einerseits von der tatsächlich eintretenden Erwärmung abhängen, andererseits davon, ob man sich – wie

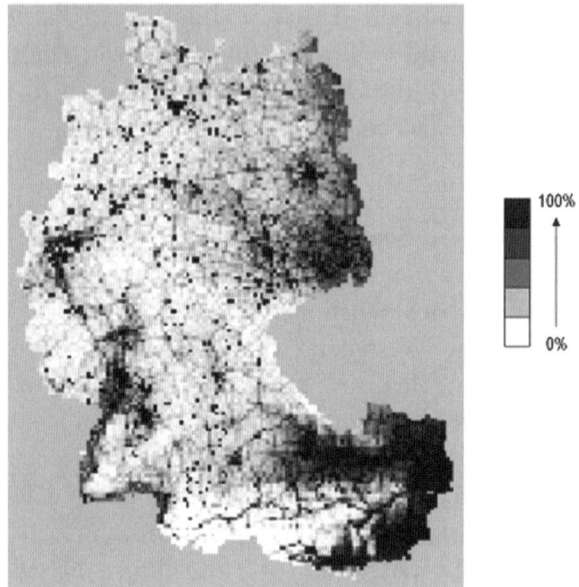

Wahrscheinliche Verbreitung des Ragweeds (Ambrosia artemisii-folia) in Österreich und Deutschland im Jahr 2050 unter Zugrunde-legung einer Klimaprognose. Schwarze Zellen bedeuten mit hoher Wahrscheinlichkeit prognostizierte Ansiedlung, hellere solche mit geringerer Wahrscheinlichkeit. Man erkennt die starke Ausbrei-tung gegenüber 2005.

in den Zwanzigerjahren des vergangenen Jahrhunderts im Fall der Invasion der Bisamratten [Skellam 1951] – ent-schließen wird, die angestammte Flora und Fauna vor In-vasoren zu schützen, ein Unterfangen, das zweifellos mit hohen Kosten verbunden ist.

Wir haben gesehen: Berechnungen der Diffusion er-halten ein neues Betätigungsfeld. Durch die Klimaverän-derungen der Erde – die es immer gab, durch anthropo-gene Einflüsse, aber heute vermutlich wesentlich schneller – erhalten sie eine besondere Bedeutung. Sinnvolle Diffusionsberechnungen wären aber unmöglich ohne die Fülle an Klimadaten, die uns heute durch den Einsatz von Satelliten und vor allem der Computer zur Verfügung stehen.

Die Diffusion von Seuchen und Geldnoten

Wer war es, der zuerst auf den Gedanken kam, man müsste doch auch die Ausbreitung von Seuchen als Diffusion, also als Ausbreitung in Raum und Zeit, beschreiben können?

J. D. Murray erinnert in seinem Lehrbuch „Mathematical Biology" [Murray 2003] daran, dass schon der große Baseler Mathematiker Daniel Bernoulli [Bernoulli 1766] die Auswirkung einer Impfung auf die Ausbreitung von Pocken mit einer Differenzialgleichung beschrieben hat. Bernoulli errechnete ein Risiko, durch die Impfung zu sterben, von 1 zu 200, ein Risiko, das seither erfreulich stark abgesenkt worden ist, und andererseits eine nach der Impfung zu erwartende mittlere Lebensverlängerung um drei Jahre und zwei Monate. Zu Bernoullis Verwunderung verweigerten die Menschen die Impfung, ihnen erschien der sofort mögliche, wenn auch recht unwahrscheinliche Tod bedenklicher als die beträchtliche mittlere Lebensverlängerung – zu Wahrscheinlichkeitsüberlegungen hat der normale Mensch eben keine Beziehung, sie sind zu abstrakt. Man könnte Parallelen zur Nutzung der Atomkraft ziehen: auch wenn es „nur" einige 100 Tote, die aber namentlich bekannt sind, durch den Tschernobyl-Unfall gegeben haben sollte; sie wiegen im Bewusstsein der Men-

schen mehr als die Risken des Schadstoffausstoßes durch
konventionelle Kraftwerke, der jährlich vermutlich zu vielen 1 000 Todesopfern führt, die aber eben nur abstrakte
Wahrscheinlichkeiten bleiben, nicht direkt für den Tod bestimmter Personen verantwortlich.

Weder Bernoulli noch einer der vielen späteren Erforscher von Epidemien hat die räumliche Ausbreitung der
Epidemien als Diffusionsvorgang untersucht. Der Erste,
der dies in Angriff genommen hat, war offenbar der amerikanische Physiker J. V. Noble im Jahr 1974. Er nahm sich
eine Seuche vor, die über Jahrhunderte die Menschen in
Europa in Schrecken versetzt hat, die Pest.

Die Pest

Im Dezember 1347 wurden die ersten Pestfälle in Süd-
frankreich registriert [Langer 1964]. Man kann annehmen,
dass die Seuche aus der Levante eingeschleppt wurde, wo
sie schon geraume Zeit gewütet hatte. Sie flaute innerhalb
weniger Wochen am Ort, wo sie gewütet hatte, ab, um
wenige Kilometer weiter den Höhepunkt ihres Rasens
zu erreichen. Nach drei Jahren war sie an den äußersten
Grenzen Europas angekommen und hatte sich damit tot-
gelaufen. In diesen drei Jahren waren mehr als 20 Prozent
der europäischen Bevölkerung, nämlich ungefähr 20 Millionen Menschen, an der Pest gestorben!

Die Pest zog weiter, noch während sie an einem Ort ihre
Arbeit erledigte. Ein paar Kilometer weiter fand sie wieder
noch gesunde zur Ansteckung geeignete Menschen und
tat ihre Arbeit, bis auch dort von den Anfälligen ein Teil
gestorben, der andere geheilt und immun war. Die Aus-

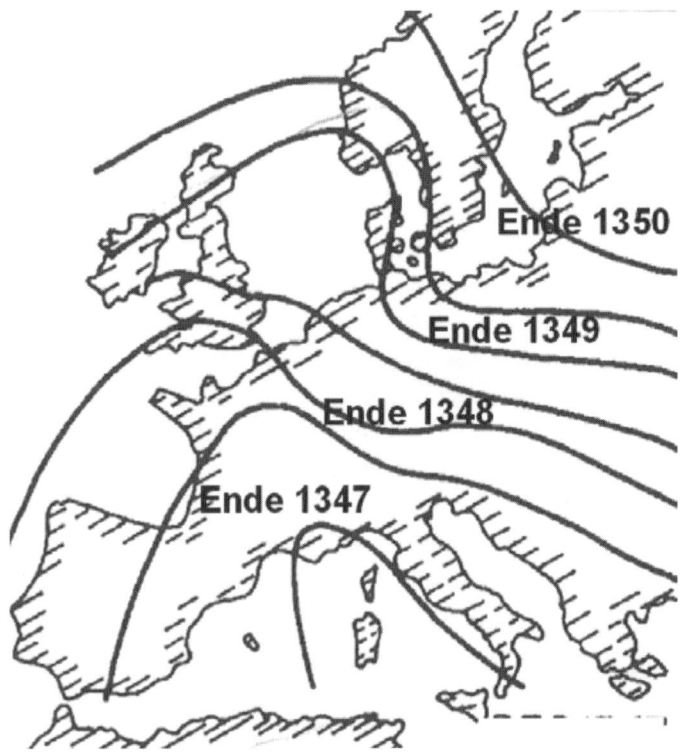

Die Ausbreitung der Pest in Europa zwischen 1347 und 1350. Nach Langer (1964).

breitung der Pest in Europa bis in den hohen Norden war das typische Fortschreiten einer Ausbreitungsfront, wie sie R. A. Fisher für die Ausbreitung eines „advantageous genes", also eines Gens mit höherer Durchsetzungsfähigkeit, beschrieben hat. Noble hat 1974 erstmals diese Ausbreitung mit Gleichungen beschrieben [Noble 1974]. Diese Behandlung geschah noch auf der Basis der Fick'schen und der Fisher'schen Diffusionsgleichungen, damals gab

es noch keine Computer-Simulationen von Ausbreitungsvorgängen.

Noble betont, dass infolge der großen Angst vor der
Pest man davon ausgehen kann, dass keine großen Aus-
wandererzüge geduldet wurden, dass also keine Drift über
größere Entfernungen stattgefunden habe.

Die Ausbreitung der Pest ist also ein klassischer Diffusionsvorgang, der sich durch Gleichungen beschreiben
lässt. Er ist noch eine Stufe komplizierter als die Ausbreitung einer anwachsenden Population, wie man sie bei den
Bisamratten beobachtete [Skellam 1951]. Ausbreitung der
Krankheit bedeutet Auftreten und Zunahme infizierter
Menschen bis zu dem Zeitpunkt, an dem sie entweder geheilt oder gestorben sind.

Die Infektion breitete sich damals über Europa aus
wie eine jede Diffusionsbewegung, also als Gauß-Verteilung, aber zusätzlich nahm die Zahl der Infizierten zuerst einmal durch Ansteckung zu. Hier ist also nicht die
Zunahme durch die Vermehrung der Bisamratten oder
der Menschen der wesentliche Wachstumsfaktor, sondern die Infektion noch gesunder, aber anfälliger (nicht
immuner) Menschen. Allerdings wird an jedem Ort die
Zahl der Angesteckten nicht in den Himmel wachsen,
denn die Anzahl der Menschen ist beschränkt, und unter
ihnen sind nicht alle anfällig. Nach einiger Zeit ist jeder
und jede Anfällige angesteckt, die Seuche hat ihren Höhepunkt erreicht. Das ist der höchste Punkt in der folgenden Abbildung. Darauf klingt die Seuche wieder ab,
denn alle Anfälligen sind entweder gestorben oder immun geworden. Dies alles kann man aus der Abbildung
ablesen, einer Computer-Simulation unter einigermaßen
realistischen Annahmen.

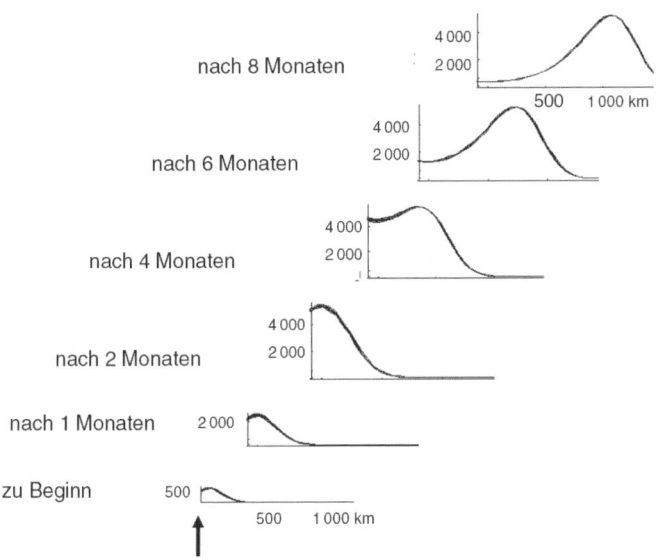

Anzahl der Infizierten pro 1 000 km² zu verschiedenen Zeiten und in verschiedenen Abständen vom Ort des Seuchenausbruchs (Pfeil). Es wurde der Einfachheit halber Ausbreitung in einer durch die Geografie bestimmten Vorzugsrichtung angenommen. Aus dem Bild ersieht man, dass die Zahl der Infizierten am Ausbruchsort anfänglich einige Zeit lang ansteigt (hier von 500 Infizierten pro 1 000 km² zu Beginn auf 2 000 Infizierte pro 1 000 km² nach einem Monat und auf mehr als 4 000 nach zwei Monaten) und dann wieder abnimmt. In der Abbildung befindet sich der Höhepunkt der Seuche nach vier Monaten schon in ca. 500 km Entfernung vom Ausbruchsort, nach acht Monaten in ca. 1 000 km Entfernung. Am Ausgangsort ist die Seuche dann schon erloschen.

In der weiteren Umgebung des Seuchenherdes steigt die Zahl der Infizierten erst später an, denn die Krankheit muss sich erst durch Übertragung verbreiten, sie muss hinaus in das Umland diffundieren. In unserem Bild ist die größte Häufigkeit von Infektionen nach vier Monaten in 500 Kilometern Entfernung von dem Ort des Ausbruchs, nach acht Monaten in 1 000 Kilometern Entfernung. Dort ist die Front der Ausbreitungswelle, die Diffusionsfront. Am Ort, an dem die Epidemie ausgebrochen ist, ist sie dagegen nach einigen Monaten schon fast erloschen, die Infizierten haben die Epidemie überstanden und sind geheilt und immun, oder sie sind gestorben.

Die Zahl der Gesunden, aber für die Krankheit Anfälligen andererseits nimmt so lange ab, bis die Krankheit verschwunden ist, denn schließlich werden alle Anfälligen angesteckt, sind schließlich entweder gestorben oder nach überstandener Krankheit immun.

Es gibt ausführliche Berichte über diese erste Pestepidemie des Mittelalters, und doch musste Noble eine Reihe von Annahmen über die Voraussetzungen zur Erkrankung einer Person machen. In der Abbildung ist das Fortschreiten der Diffusionsfront in einer Richtung unter bestimmten Annahmen über die Art und Weise berechnet, wie die Ansteckung abläuft. Diese Annahmen hat Noble gemacht, und sie sind so bemerkenswert, dass wir sie genauer ansehen wollen.

Das Pest-Bakterium wird von Flöhen, die vor allem auf Ratten und anderen Kleintieren leben, von kranken an gesunde Menschen übertragen, aber in manchen Formen auch direkt zwischen Menschen. Die angesteckten Menschen sterben oder werden nach Überstehen der Krankheit immun. Dann hat die Pest in einer Gegend alles abgegrast und daher nichts mehr zu vermelden. Um den Bereich abzuschätzen, in dem ein Pestkranker Gesunde anstecken konnte, überlegte Noble sich, dass sich Menschen im Mittel mit einer Geschwindigkeit von 1 bis 2 Kilometern pro Stunde bewegen und ihre Flöhe bis zu 2 Meter weit zum nächsten Menschen hüpfen können. Dabei – so nahm er an

– hätten die Flöhe 10 Prozent Erfolgschance, diesen Menschen anzustecken. So kam Noble auf einen „Wirkungsquerschnitt" eines Menschen für die Ansteckung anderer von ca. 200 m² in der Woche.

Noble schätzte weiterhin ab, ob die Ausbreitungsgeschwindigkeit der Pest mit den für das Mittelalter in Europa bekannten Bevölkerungsdichten verträglich ist. Er nahm an, dass es 1347 85 Millionen Europäer gab. Nun machte er eine gravierende Vereinfachung, wie sie bei Berechnungen historischer Vorgänge unvermeidlich sind (wie schon früher betont, kann man anders als in den exakten Wissenschaften nicht mit den Parametern des Experiments spielen, sie verändern): Er nahm an, dass die Menschen gleichmäßig über Europa verteilt waren, womit er eine mittlere Bevölkerungsdichte Europas von 20 Menschen pro Quadratkilometer erhielt.

Mit all diesen Annahmen, die er natürlich, wie er ehrlich sagt, als „educated guess" anstellte, also Schätzungen, die „vernünftig" sind, indem sie zum richtigen Ergebnis führen, erhielt Noble als Geschwindigkeit der Wellenfront der Pest-Ausbreitung ungefähr 1 000 Kilometer im Jahr. Das ist nicht sehr verschieden von der von den Historikern ermittelten Geschwindigkeit (ca. 700 Kilometer pro Jahr).

Wir sehen hier einen wesentlichen Unterschied zu den Computer-Simulationen für die Ausbreitung der Miniermotte und des Ragweeds. Dort sind viele Einzelheiten über die Ausbreitungsbedingungen bekannt, die zu übersehen sträflich wäre. Die Bedingungen sind komplex und mit einfachen Diffusionsgleichungen („mit Papier und Bleistift") nicht zu beschreiben; vielmehr muss man von der Fähigkeit des Computers Gebrauch machen, sie alle gleichzeitig bei der Ausbreitung zu berücksichtigen. Beschreibungen von Ausbreitungsprozessen der Vergangenheit mit Diffusionsgleichungen dagegen sind am Platz, da ohnehin nur wenige Einzelheiten über diese Vorgänge bekannt sind. Das „vernünftige Schätzen", wie es Noble für die Pestwelle im Mittelalter oder Ammerman und Cavalli-Sforza für die „demische Diffusion" in der Jungsteinzeit anstellen, liefert dann natürlich nur recht allgemeine Informationen.

Zur Zeit der Pestepidemie im 14. Jahrhundert ist der überwiegende Teil der Menschen kaum je über die engere Heimat hinausgekommen, Pilgerfahrten oder Kriegszüge waren die Ausnahme, und nur wenige Menschen zogen als Händler durchs Land. Die Bewegung fast aller Menschen war eine „Brown'sche Bewegung", ein „random walk", in einem sehr beschränkten Bereich. Heute dagegen unternehmen die Menschen dienstliche Reisen und Urlaubsreisen, sie führen nicht mehr nur eine Brown'sche Bewegung nahe ihrem Wohnort aus, sondern sie verreisen zuweilen über weite Strecken. Davon handelt das nächste Kapitel.

Where is George? Die Diffusion der Dollar-Noten

Auf meinen Reisen von Wien nach Grenoble mit dem Zug oder mit dem Flugzeug über Genf musste ich bis 2002 drei Geldbörsen für drei Währungen mitführen. Sogar vier, wenn ich über München fuhr. Ich sehnte die europäische Währung herbei und freute mich nebenbei über die zu erwartende Diffusion der europäischen Scheine und Münzen zwischen ihren Druck- bzw. Prägungsstätten. Das sollte ein interessanter Ausbreitungsvorgang werden, den man würde studieren können.

Am 1. Januar 2002 war es endlich so weit. Damals wurden riesige Mengen an neuen Euro-Münzen von den nationalen Münzanstalten gleichzeitig ausgegeben, deren eine Seite bei allen Münzen gleich ist. Die Rückseite dagegen schmückt beispielsweise bei den deutschen 50-Cent-Münzen das Brandenburger Tor, während auf den italienischen 50-Cent-Münzen die martialisch-schöne Reiterstatue des römischen Kaisers Marc Aurel vom Kapitol in Rom prangt, desjenigen römischen Kaisers, der mir besonders vertraut erscheint, hat er doch – auch ein Wanderer – ungefähr vier Jahre in Carnuntum bei Wien gelebt und von hier aus das römische Reich gegen Markomannen und Quaden verteidigt.

Auch den Buchstaben auf den Euro-Scheinen, die sich ja in den Bildern nicht von Land zu Land unterscheiden, ist die Ausgabestätte zu entnehmen. Diese Münzen und Eurobank-Noten verschiedener nationaler Provenienz sollten ab dem 1. Januar 2002 sich innerhalb Europas vermengen – ein märchenhaftes Diffusionsproblem, weswegen ich nicht zögerte, es als Übungsaufgabe in meiner Vorlesung zu geben: Wie schnell werden belgische Münzen durch Einkäufe in Supermärkten auf der französischen Seite der belgisch-französischen Grenze sich mit den französischen mischen? Leider ein rechter Flop, denn so läuft es zwar, aber nicht schnell. Viel schneller läuft die Mischung über die Fernreisen quer durch Europa. Diffusion? Lassen Sie uns sehen!

Ich rekonstruiere mein eigenes Zahlungsverhalten auf einer Zugreise, die ich von Wien nach Grenoble unternommen habe. Ich nahm in meiner Geldbörse 340 Euro mit, die vermutlich den Notenbanken verschiedener europäischer Länder entstammten, das habe ich nicht überprüft. Im Zug bezahlte ich den Schlafwagen mit 120 Euro, eine 20-Euro-Note gab ich auf der Durchreise in der Schweiz im Restaurant aus, in Grenoble bezahlte ich den Stadtbus mit einer 10-Euro-Note und das Restaurant des Forschungszentrums mit 20- und 50-Euro-Noten. Es verblieb mir ein 100-Euro-Schein, der leider auf der Rückfahrt durch die Schweiz wertlos war — Wechsel nur zu einem sehr schlechten Kurs in Schweizer Franken —, sodass ich hungrig bleiben musste. Ich habe also meine Euro-Noten auf drei Länder verteilt. In den Wochen davor dagegen hatte ich keine Auslandsreise unternommen, meine Banknoten und Münzen im Umkreis von höchstens 200 Kilometern um meinen Wohnort Wien ausgegeben. Man erkennt, dass eine Bilanz über die Bewegung meiner Münzen und Banknoten keinen einfachen random walk ergeben wird: Einige Scheine sind viel weiter transportiert worden als der Rest. Die Verteilung der von mir in Umlauf gebrachten Zahlungsmittel ist also keine Gauß-Verteilung. „Meine" örtliche Verteilung ist im Großen und Ganzen um meinen Wohnort konzentriert, hat aber einen langen Schwanz in Richtung Grenoble, für den allerdings nur wenige Banknoten und Münzen verantwortlich sind. Mein Zahlungsverhalten, speziell die Mischung aus Zahlung mit Bankkarte bzw. bar ist zu Hause und auf Auslandsreisen, ob mit der Bahn, dem Auto oder dem Flugzeug unternommen, nicht wesentlich verschieden. Die örtliche und zeitliche Verteilung der von mir ausgegebenen Scheine und Münzen spiegelt deshalb gut wider, wie ich selbst mich bewege.

Nun dürfen leider Euro-Noten nicht markiert werden, daher war einem Projekt namens eurotracker kein ähnlicher Erfolg beschieden wie einem amerikanischen Internet-Projekt. Hier die vergnügliche Geschichte dieses Projektes und wie die Göttinger Physiker Brockmann und Geisel daraus Wissenschaft gemacht haben [Brockmann 2006, 2009].

Mich fasziniert dabei die Idee, die Ausbreitung von Geld als Indikator für die Bewegungen von Menschen in ihrem heutigen Reiseverhalten einzusetzen und daraus letzten Endes auch die Gesetzmäßigkeiten der Ausbreitung von Seuchen zu ermitteln.

Die Göttinger hatten herausgefunden, dass es eine Internet-Homepage eines Amerikaners namens Hank Eskin gibt, in der dieser anregte, 1-Dollar-Scheine zu markieren und ihren neuerlichen Auffindungsort per E-Mail auf einer Website „www. wheresgeorge.com" einzutragen. Er nannte das Spiel „Where's George?" nach dem auf dem Schein abgebildeten George Washington. Das Spiel wurde sehr gut angenommen, und bis Anfang 2008 wurden mehrere Millionen Bewegungen registriert. Die Motivation des Amerikaners war vielleicht, ein bisschen Werbung zu machen für Produkte, die er vermarktet, aber Brockmann und Geisel machten daraus eine hochinteressante Studie zur Mobilität innerhalb der USA. Wie nicht anders zu erwarten, ist die Ausbreitung der Dollar-Noten und damit der Menschen als deren Träger keineswegs ein einfacher random walk, wie er der gewöhnlichen Diffusion zugrunde liegt, sondern eine komplizierterer Zusammenhang. Das werden wir uns im Folgenden klarmachen.

Ergebnis: Längere „Wartezeiten" am Ort, in dem der Lebensmittelpunkt liegt, weite Reisen nach diesen längeren zeitlichen Intervallen. Der Transport der Geldnoten und Münzen folgt ganz ähnlicher Logik wie die Bewegung der Menschen: Die meiste Zeit werden die Zahlungsmittel in beschränkten Bereichen, Bereichen um deren Lebensmittelpunkte, zirkulieren, aber von Zeit zu Zeit wird jemand sie auf einer Reise über größere Entfernungen mitnehmen und ausgeben.

Wie kann man diese neuartigen Diffusionsprozesse über große Entfernungen berücksichtigen? Wir haben bei der schnellen Ausbreitung der südamerikanischen Indianer die Möglichkeit von Gauß-Verteilungen mit langem flachem Schwanz, sogenannten long-tail distributions gesprochen, unter denen die gegenwärtig populärste Form der Levy-Flug ist.

Was können wir daraus über die Ausbreitung von Epidemien schließen? Die Übertragung von Krankheitskeimen folgt ähnlicher Logik wie die Weitergabe von Banknoten. Zur Zeit der großen Pest-Epidemie war die Bewegung der Menschen, die für die Übertragung Voraussetzung ist, im Wesentlichen ein random walk, also normale Diffusion. Heute kommen die Fernreisen hinzu, der Transport der Krankheitskeime folgt daher nicht mehr der Gauß-Verteilung, die Gauß'sche Glockenkurve hat vielmehr lange Ausläufer zu großen Entfernungen hin. Die Abbildung zeigt, wie sich die aufeinanderfolgenden Wege bei einem random walk (der Brown'schen Bewegung) und Levy-Flügen unterscheiden.

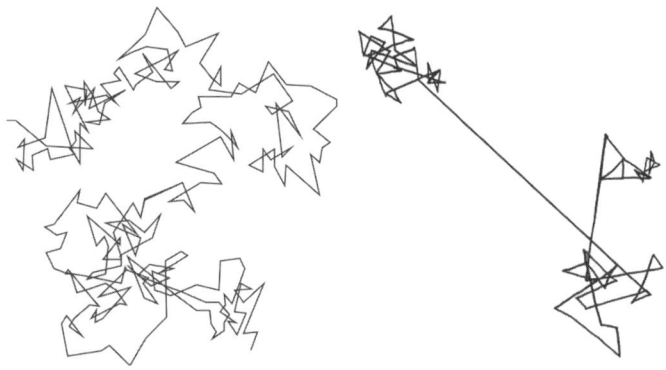

Aufeinanderfolgende Wege bei der Bewegung eines Teilchens. Links: Brown'sche Bewegung, wie sie Perrin und Mitarbeiter registriert haben. Rechts: Levy-Flüge. Dabei bewegt sich das Teilchen (oder in diesem Kapitel der reisende Mensch) etwa 50-mal im Sinne einer Brown'schen Bewegung, wechselt dann aber plötzlich zu einem Ort in größerer Entfernung, wo es dann wiederum eine Brown'sche Bewegung ausführt.

Aus den Daten der Dollar-Bewegung konnten Brockmann und Mitarbeiter die Ausbreitungs-Geografie der Schweinegrippe in den USA vorhersagen. Die folgende Abbildung vergleicht die Ausbreitungs-Dynamik, wie sie sich bei Brown'scher Bewegung, also ganz normaler Diffusion, ergeben würde, mit der Dynamik, die zu erwarten ist, wenn Levy-Flüge stattfinden. Große Entfernungen werden häufig zurückgelegt, wenn Personen zwischen den Ballungsgebieten der USA reisen: zwischen Ostküste und Kalifornien beispielsweise. Daher finden die weitreichenden Levy-Flüge besonders zwischen diesen Gebieten statt. Statt einer einfachen Ausbreitungsfront, wie sie nach dem Fisher-Modell zu erwarten ist, sollten Erkrankungsinseln in Ballungsgebieten entstehen, räumlich

Simulation der Ausbreitung einer vom Gebiet der Hauptstadt Washington D. C. ausgehenden Epidemie in den USA zu drei verschiedenen Zeiten (von links nach rechts). Oben: Nach dem Fisher-Modell entsteht eine Diffusionsfront.
Unten: Unter Zugrundelegung des Reiseverhaltens der Amerikaner, wie es aus der Bewegung der Dollar-Noten hervorgeht, entstehen vorgeschobene Erkrankungsinseln in weit entfernten Ballungsgebieten wie hier u. a. in Kalifornien. Nach Brockmann (2009).

abgekoppelt von der Diffusionsfront. Und die Epidemie sollte wesentlich schneller in Kalifornien ankommen als in manchen Gebieten des dünn besiedelten Mittelwestens der USA.

Brockmann und Mitarbeiter betonen, dass die Vorhersagen erstaunlich gut mit Simulationen der Ausbreitung der Schweinegrippe übereinstimmen.

Ausbreitung und drohender Verlust von Sprachen

Sushanta Dattagupta hat Karriere gemacht und baut jetzt in Kolkata eine Elite-Universität neuen Stils auf, an der ich 2006/2007 einige Monate als Gastprofessor verbringen konnte. Im ehemaligen Calcutta, wie die Stadt zur Zeit der britischen Kolonialherrschaft über Indien geheißen hat. Und da ich wusste, dass Sir William Jones, einer der Väter der Sprachforschung, als Richter in Calcutta tätig war und dabei seine Anregungen für seine Forschungen empfangen hat, gilt einer meiner ersten Besuche der Gesellschaft, die er vor mehr als 200 Jahren gegründet hat.

Sir William Jones, ein Richter als Vater der Indogermanistik

Im Oktober 2006 erreiche ich nach einem „random walk" die Park Street im alten britischen Zentrum von Kolkata. Es war keine beabsichtigte ziellose Wanderung, aber ich hatte die Richtung verloren.

Ich hielt mich als Gastforscher seit 2 Wochen an der elitären indischen Universität ganz neuen Stils auf, die Dattagupta in Salt Lake gegründet hat, einem feinen Oberschichtviertel Kolkatas. Gleich meinen zweiten Besuch der Innenstadt, des „wirklichen Kolkatas", wollte ich nutzen, um die Asiatic Society in der Park Street im Zentrum Kolkatas zu besuchen, an der Sir William Jones vor mehr als 200 Jahren die Initialzündung zum Studium der Diffusion in den Sprachen, wie ich es kühn zu nennen wage – die Linguisten mögen mir Dilettanten verzeihen –, ausgelöst hat. Und wollte schmökern in alten Schriften, fühlen, was das Umfeld von William Jones gewesen sein möge.

Nach einer halben Stunde ziellosen Irrens geht mein random walk über in eine zielgerichtete Wanderung zur Asiatic Society in der Park Street. Um 4 pm endet mein random walk in der Asiatic Society, Park Street 16. Die mir von meiner Universität in Salt Lake schon wohlbekannte „Security" bestehend aus zahlreichen Männern. Ich muss mich in eine der Listen eintragen. Und dann noch eine Stiege hinauf, und ich bin drinnen in den heiligen Hallen, in denen die indoeuropäische oder indogermanische Sprachforschung und zugleich die Diffusionsforschung ihre Initialzündung erhielt.

Ältere Herren im weißen langen „Nehru-Kittel", Damen im Sari. Der Geruch von Chemie, vermutlich Konservierungsmittel. Alte Glasvitrinen mit vergilbenden Papierstapeln und alten gebundenen Büchern. Mehr als 200 Jahre Geschichte. Ich werde zur Leiterin geführt, und als sie aus meiner Visitenkarte – ich habe noch eine unversehrte in meiner Geldbörse gefunden – ersieht, dass ich Professor aus Wien bin, habe ich gewonnen. Ich fülle eine Admit Card for Casual Readers aus und darf mich in den Lesesaal setzen unter zahlreiche Sari-Frauen mit feinen indischen Gesichtern, die zwischen meterhohen Bücherstapeln arbeiten. Und dann kommt die Bibliothekarin und schlägt auf: Asiatic Researches, Comprising History and Antiquities, the Arts, Sciences and Literature of Asia. Vol. The First, XXV: „The Anniversary Discourse, delivered 2d February 1786 by the President Sir William Jones".

Da bin ich also: Da habe ich an der Quelle die Schrift, von der ich vorher nur eine dunkle Ahnung hatte. Als Reisender, der gern einen Grundwortschatz der Sprache des bereisten Landes repetiert, um den Einheimischen Achtung zu zeigen, weiß ich einiges über die Zusammenhänge der indogermanischen Sprachen, kann deshalb einfach durch Analogien einige Brocken einer neuen Sprache lernen und wenigstens kurzfristig merken. Und ich erinnere mich, dass die uns als Märchenonkel bekannten Brüder Grimm, besonders Jakob Grimm, von Beruf Universitätsprofessoren auf dem Gebiet der Linguistik, am Beginn des 19. Jahrhunderts die Indogermanistik mitbegründet haben. Aber ich hatte auch immer gehört, dass es da noch frühere Ideengeber gegeben habe, unter anderen den Richter Sir Wiliam Jones in Calcutta. Und da sitze ich nun vor seinem ersten einschlägigen Werk. Und lese schon auf der 5. Seite seiner Jahresrede von 1786 den ellenlangen Satz über den Zusammenhang zwischen Sanskrit, Griechisch und Latein.

„The Sanskrit language, whatever be its antiquity, is of a wonderful structure; more perfect than the Greek, more copious than the Latin, and more exquisitely refined than either, yet bearing to both of them a strong affinity, both in the roots of verbs and in the form of grammar, than could possibly have been produced by accident; so strong, indeed, that no philologer could examine them all three, without believing them to have sprung from some common source which perhaps no longer exists."

Wer war William Jones? Er ist 1746 geboren, hatte Sprachen und später auch noch Rechtswissenschaft in Oxford studiert und konnte Französisch, Italienisch, Spanisch, Portugiesisch, Griechisch, Latein und seine Muttersprache Englisch. Offenbar lernte er so schnell neue europäische Sprachen, weil er das Gemeinsame in ihnen erfasste. Er eignete sich dann noch Arabisch und Persisch an, hatte darüber hinaus Kenntnisse in zahlreichen weiteren Sprachen. 1783 wurde Jones zum Richter am Supreme Court, dem Obersten Gerichtshof Indiens, berufen.

Auch William Jones Lebensweg ist ein „diffusiver", unsteter, streunender, wie von vielen Forschern, die sich für Ausbreitungsvorgänge interessiert haben. Ich vermute, dass Menschen, die sich für den Blick über den Tellerrand interessieren, für Interdisziplinäres, Neues, auch in ihrem eigenen Leben die Veränderung schätzen und suchen. Sie sind Abenteurer, in der Wissenschaft und häufig auch im Privaten. Fourier war ein Unsteter auf Napoleons Befehl, Fick und Einstein wechselten immer wieder ihre Wirkungsstätten, Cavalli-Sforza ist in Italien geboren, forschte später in England und schließlich in den USA. Die Liste lässt sich beliebig erweitern.

Jones begründete schon im Jahr nach seiner Ankunft in Calcutta die Asiatic Society, eine Art Wissenschaftsakademie für die britischen Kolonien in Asien, mit dem Ziel, das der Titel der jährlichen Sammelbände angibt: „Asiatic Researches, Comprising History and Antiquities, the Arts, Sciences and Literature of Asia". Er wird in den folgenden Jahren in diesen Berichten über die verschiedensten Gebiete schreiben, Sprachvergleiche dürften ihn aber besonders interessiert haben. Seine kühne Erkenntnis des gemeinsamen Ursprungs der europäischen und indischen

Sprachen wird als der Ausgang der vergleichenden Sprach-
wissenschaft angesehen. In seiner berühmten Rede von
1786 warnt er vor allzu dilettantischen Wortvergleichen
verschiedener Sprachen, zieht allerdings auch selbst wag-
halsige Schlüsse, wie zum Beispiel den folgenden: Buddha
wäre keine geschichtliche Person, sondern eine Fantasie-
figur, der alte Gott der Indoeuropäer, den die Germanen
Wotan (b wird zu w, dh zu t) oder Odin nennen. Da darf
man heute lächeln, die Bewunderung für Sir Williams'
wissenschaftliche Kühnheit kann solch ein Lapsus nicht
schmälern.

Jones stirbt früh, schon 1794, und sein Nachruf betont
den Verlust für die Linguistik. Es sollten wenige Jahre später die deutschen Linguisten die Stafette übernehmen.

Ich habe schon vorher erwähnt, dass in Indien besonders der deutsche Forscher Max Müller hohe Verehrung
genießt, denn er hat im 19. Jahrhundert den Zusammenhang zwischen Sanskrit und den europäischen Sprachen
im Einzelnen erforscht und den Indern die Sicherheit gegeben, auf derselben kulturellen Grundlage wie die damals
sie unterdrückenden Europäer zu basieren. Also gleiche
kulturelle Wurzeln wie die Europäer zu haben, vermutlich
sogar die weiter zurückreichende Tradition.

Die Diffusion der europäischen und vorderasiatischen Sprachen

Schauen wir uns speziell die indoeuropäischen Sprachen
näher an, die im Deutschen indogermanische heißen.
Über diese Sprachgruppe liegen weit mehr Forschungsergebnisse vor als über jede andere Sprachfamilie. Ihre

Erforschung begann eben schon mit Sir William Jones in Calcutta im Jahr 1786. Als Sprechern einer indogermanischen Sprache liegen diese Sprachen uns auch besonders nahe, ihre „Erfolgsgeschichte" ist extrem spannend und auch beklemmend, wenn man an die Ausrottung der Sprecher anderer Sprachfamilien in der Kolonialzeit denkt.

Ungefähr vor 6000 Jahren, vielleicht auch schon einige 1000 Jahre früher, muss irgendwo zwischen der Ukraine und Kleinasien eine Menschengruppe besonders expansiv, nennen wir es ruhig „diffusiv", geworden sein, unsere sprachlichen Vorfahren, die Ur-Indoeuropäer oder Ur-Indogermanen. Ungefähr vor 3000 Jahren hatten ihre Sprachen fast ganz Europa erobert sowie Zentralasien bis weit in das heutige nordwestliche China und große Teile des Mittleren Ostens und Indiens. Sie hatten sich in den 3000 (oder doch wesentlich mehr?) Jahren seit ihrer Trennung sehr differenziert. Wir wissen vom Keltischen, Germanischen, Italischen, Slawischen, Baltischen und weiter im Süden und Südosten vom Illyrischen, Griechischen und Armenischen. Und noch weiter im Osten und Südosten, in Vorderasien, vom Iranischen und Indoarischen mit seiner Unterfamilie, dem Indischen. Und von den heute ausgestorbenen Sprachen Anatoliens wie dem Lykischen, Phrygischen und Hettitischen sowie dem Tocharischen, der heute ausgestorbene Sprache Ostturkestans, der chinesischen Provinz Sinkiang. Alle diese Sprachen waren schon damals untergliedert und sind es – soweit sie oder ihre Abkömmlinge noch gesprochen werden – heute noch viel stärker. So sind zum Beispiel aus den italischen Sprachen das Latein und daraus wieder die romanischen Sprachen hervorgegangen, aus dem Germanischen Deutsch,

Holländisch / Flämisch, Englisch und die skandinavischen Sprachen.

Eine Dampfwalze der Indogermanen über Europa und weite Teile Südwest- und Zentralasiens hinweg! Vorherige Sprachreste sind heute ausgelöscht. Diffusion aus dem Osten über ganz Europa hinweg! Tatsächlich über ganz Europa? Nur in einem kleinen Winkel Europas um den Golf von Biskaya hat sich ein Rest früherer Sprache erhalten. Dort widersteht ein streitbares Völkchen bis heute der Romanisierung, damit der Indogermanisierung. Es sind die Basken, sie sprechen eine Sprache, die keiner indogermanischen verwandt ist. Wir haben schon früher gesehen, dass Ammerman und Cavalli-Sforza als Erste die sprachliche Isolation der Basken als Basis einer genetische Referenz benutzt haben, indem sie annahmen, bei den Basken seien die Gene der Paläolithiker, der Altsteinzeitler, stärker erhalten als bei anderen Europäern, bei denen der Anteil der Gene der eingewanderten Ackerbau betreibenden Jungsteinzeitler einen umso größeren Anteil ausmache, je weiter man nach Südosten kommt. Sprachlich liegen die Verhältnisse insofern völlig klar: Baskisch ist keine indogermanische Sprache! Sie muss allerdings sehr lang sich diffusiv verändert haben, denn mit keiner anderen Sprache auf der Welt haben Linguisten einen einigermaßen fundierten Zusammenhang entdecken könne. Möglich aber auch, dass alle dem Baskischen verwandten Sprachen von der indogermanischen Sprachdiffusion vernichtet wurden.

Nun zu unserem eigentlichen Thema, der Diffusion des Indogermanischen. Wie schon erwähnt, ist die Herkunft der Sprecher des Indogermanischen unbekannt, es bestehen Meinungsverschiedenheiten über ihre Heimat, man könnte sogar sagen, es werde darüber unter den Fachleuten gestritten. Dieser Diskurs ist dadurch besonders interessant, als es ja um eine interdisziplinäre Frage geht und die Diskussionen zwischen Archäologen, Linguisten, Genforschern, Botanikern bzw. Paläobotanikern und Geografen geführt werden. Jede dieser Disziplinen hat ihre eigene Vorgangsweise, aber immer mehr mischen sich unter die klassischen Methoden solche, die Mathematik verwenden. Die Verfahren, die Diffusion der Sprachen durch Gleichungen zu beschreiben, stecken allerdings noch in den Kinderschuhen, vielleicht werden solche Verfahren gar nie seriös möglich sein, während in der statistisch viel einfacheren Genetik ja schon vor mehr als 30 Jahren Cavalli-Sforza die ersten Gleichungen aufgestellt hat.

Warum ist die mathematisch exakte Beschreibung der Diffusion in der Linguistik um vieles schwieriger als in der Genetik? Schauen wir uns Cavalli-Sforzas Argumente an [Cavalli-Sforza 2001]: Genetische Veränderungen verlaufen viel langsamer als sprachliche: Manche Gene ändern sich über Hunderte Millionen Jahre nicht – ihre Veränderung würde fast immer Lebensunfähigkeit bedeuten –, und die, die sich ändern, tun dies bei Menschen auf keinen Fall schneller als mit einem Generationswechsel, also in ca. 25 Jahren, meist erst über viele Generationswechsel. Sprachliche Änderungen dagegen können in einer Generation mehrmals erfolgen.

Gen-Diffusion lässt sich daher prinzipiell in einem beschränkten Gebiet, wie es Europa ist, mit einiger Vorsicht feststellen, „Wort-Diffusion" kann so schnell ablaufen, dass Sprachen, die von Menschengruppen gesprochen werden, deren Vorfahren sich vor 5 000 Jahren trennten, nur noch von der Wissenschaft als verwandte Sprachen erkannt werden können. Ihren Diffusionsweg in Ort und Zeit mit einiger Sicherheit nachzuvollziehen, kann nur in jenen Fällen Aussicht auf Erfolg haben, wo es Sprachdokumente gibt, die weit zurückreichen.

Ich habe schon bei der Diskussion der jungsteinzeitlichen Ausbreitung des Ackerbaus erwähnt, dass es der englische Archäologe Colin Renfrew gewagt hat, die Ausbreitung des Indogermanischen mit der Ausbreitung des jungsteinzeitlichen Ackerbaus gleichzusetzen. Er behauptet, die Anatolier hätten bei ihrer Diffusion zusammen mit dem Ackerbau (man vergleiche die archäologischen und genetischen Schlüsse in früheren Kapiteln) auch gleich noch ihre Sprache mitgebracht.

Renfrew hat von den meisten Linguisten heftigen Widerspruch geerntet. Sie argumentieren, dass in Renfrews Hypothese der Zeitmaßstab nicht stimmt: Die Trennung der indogermanischen Sprachen hätte erst vor ca. 6 000 Jahren eingesetzt, während die Innovationswelle des Ackerbaus, wie wir in früheren Kapiteln besprochen haben, schon vor 8 000 bis 7 500 Jahren Griechenland, vor ca. 6 000 Jahren schon die westlichen und nördlichen Ausläufer Europas erreicht hat.

Ich zeige in der folgenden Abbildung dennoch, wie Renfrew sich die miteinander gekoppelte Diffusion von Ackerbauern und Sprache, also eine demische Diffusion, vorstellt [Renfrew 2000/2]. Bei alles Skepsis: Renfrew versucht – und das ist für Diffusionsforscher reizvoll – die Ausbreitung des Indogermanischen mathematisch als menschliche Diffusionswellenfront zu erklären.

Renfrew stellt sich damit ganz absichtlich gegen die seit Langem etablierte Ansicht, dass die Sprecher des Indogermanischen aus dem Raum des heutigen Südrusslands gekommen wären. Nach den Grabhügeln, die dort um diese Zeit entstanden und von den Einheimischen Kurgane genannt werden, ist der heute gebräuchliche Name dieser Leute „Kurgan-Leute" entlehnt. Eine Meinung, die besonders prononciert Marija Gimbutas vertreten hat [Gimbutas 1956], ist, dass um die Mitte des 5. Jahrtausends v. Chr. diese Menschen in die angrenzenden Gebiete zu diffundieren begonnen haben und über die Jahrtausende in mehreren Wellen einerseits bis in den äußersten Westen Europas, andererseits bis weit in den Süden des indischen Subkontinents sich ausgebreitet hätten. Sie wären ausgerüstet gewesen mit überlegener Technologie in der Fortbewegung, da sie das Pferd gezähmt hatten, ein Tier, das als häufiges Wildtier nur in jenen Steppen auftrat, und weil sie in späteren Wellen die Bronzeherstellung beherrschten.

Dagegen argumentiert Renfrew, dass das Pferd nicht wesentlich zur Ausbreitung der indogermanischen Sprache beigetragen haben könnte, da es zur Zeit, als die ersten Indogermanen-Wellen nachhaltig die europäische Sprachlandschaft veränderten, noch gar nicht gezähmt war. Andererseits muss aber bereits eine sehr frühe Welle erfolgreich gewesen sein, denn die ältesten uns bekannten schriftlichen indogermanischen Texte in Keilschrift aus der Hettiter-Hauptstadt Hattusa am Ort des heutigen türkischen Dorfes Bogazköy in Anatolien und in Linear B aus Südgriechenland aus dem 2. Jahrtausend v. Chr. benutzen Sprachen, die bereits mindestens 3 000 Jahre Auseinanderentwicklung hinter sich haben müssen, das Hettitische und das mykenische Griechisch.

Wenn wir das Wort „Diffusion" verwenden, sehen wir das Problem der exakten mathematischen Beschrei-

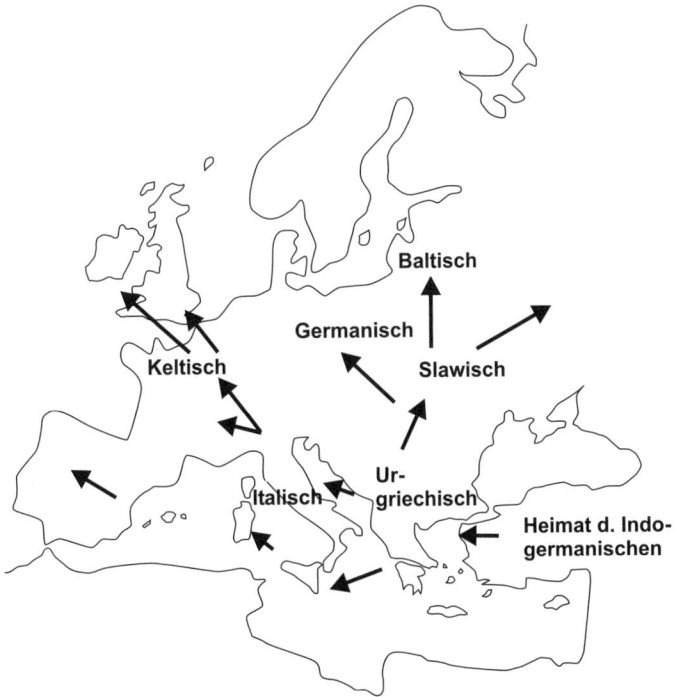

Indogermanischen Sprachentwicklung in Europa nach C. Renfrew [Renfrew 2000/2]. Die indogermanischen Ursprache siedelt Renfrew in Anatolien an, aus ihr entsteht die „Ursprache" im heutigen Griechenland, aus der sich das klassische Griechisch entwickelt hat, weitere Umwandlungen führen zu den Muttersprachen des Italischen, Keltischen, Germanischen, Slawischen, Baltischen usw.

bung einer Sprachausbreitung. Wahrscheinlich waren viele menschliche Ausbreitungsvorgänge nicht diffusiv im Fick'schen oder Einstein'schen Sinn, sondern eher „Langreichweitige Diffusion", wie der Transport der Miniermotten über die Autobahnen, also Levy-Flüge. So sind die Indogermanen eher in geplanten Zügen – über die man allerdings keinerlei Nachricht hat – aus dem heutigen Iran durch die Wüsten Belutschistans oder gar über die Pässe des Hindukusch im heutigen Afghanistan eingewandert, dann weiter nach Indien und dann erst im Land diffundiert.

Ein ganz besonders attraktives Subjekt sind die Tocharer, die bis vor ca. 1 300 Jahren in Ostturkestan, der heutigen chinesischen Provinz Sinkiang, eine indogermanische Sprache benutzten und viel Schriftliches hinterlassen haben. Wer im Berliner Indischen Museum die aus dem 6. Jahrhundert n. Chr. stammenden Fresken der sehr europäisch aussehenden Ritter aus der Höhle der Sechzehn Schwertträger in Kyzil im Zentrum Ostturkestans gesehen hat, wird sich weniger darüber wundern, dass im Westen des heutigen Chinas einst eine europäische Sprache, das Tocharische, gesprochen worden ist, auch wenn das Wohngebiet jener Tocharer zwischen dem fast 7 000 Meter hohen „Himmelsgebirge" Tienshan und der Wüste Taklamakan durch hohe Pässe von der nächsten Landschaft getrennt ist, in der heute noch indogermanisch sprechende Menschen wohnen, von Tadschikistan. Die Tocharer waren in mehreren Fürstentümern organisiert, und einer ihrer Dialekte, das Khotanische (Tocharisch B) war die Handelssprache auf dem östlichen Teil der Seidenstraße. Ein Teil der herrlichen ostturkestanischen Fresken ist uns durch die Expeditionen der preußischen Forscher Albert von Le Coq und Albert Grünwedel erhalten geblieben – vor allem durch die geschickte Abnahmetechnik ihres Technikers Theodor Bartus, und, soweit sie den Bomben des Zweiten Weltkriegs entgangen sind, gegenwärtig noch im Berliner Indischen Museum zu bewundern.

Die Verwunderung der Linguisten war groß, als die von der preußischen Expedition aus Ostturkestan mitgebrachten Schriftfetzen eine europäische Sprache im heutigen Sinkiang dokumentierten. Diese Sprache war relativ leicht zu lesen, denn sie war in gut bekannten Alphabeten beschrieben, unter anderem im indischen Karoshti-Alphabet. Schnell stellte man fest, dass es sich um eine Kentum-Sprache (vom lateinischen Wort für hundert) handelte, eine Sprache aus der Gruppe des Italischen, Griechischen, Keltischen, Germanischen, und nicht um eine Satem-Sprache (vom persischen Wort für hundert), die alle anderen Indogermanen aus dem asiatischen Raum sprechen und auch Slawen und Balten. Da ein weitreichender Zug der Tocharer gegen die übliche Ost-West-Richtung unwahrscheinlich ist, die alle anderen Kentum-Sprachen sprechenden Völker eingeschlagen haben, die im europäisch-asiatischen Steppenraum unterwegs waren, da außerdem, wie J. P. Mallory bemerkt, kaum Worte aus den iranischen und indoarischen Sprachen in ihre Sprache eindiffundiert wären, mit deren Trägern sie auf ihrem Zug zusammengelebt haben müssten, [Mallory 1989], kamen die Sprachforscher zum Schluss, dass die Tocharer sehr früh nach Zentralasien diffundiert sein müssen, früher als sich die Satem-Sprachen entwickelten. Die Tocharer müssen also schneller diffundiert sein als der Rest der Indogermanen. Dies spiegelt sich im Sprachbaum der folgenden Abbildung wider: Gray und Atkinson [Gray 2003] setzen die Trennung der Tocharer vom Rest der Indogermanen auf ca. 8 000 Jahre vor heute an. Nur die schon vor 2 000 Jahren ausgestorbenen anatolischen Sprachen, ebenfalls Kentum-Sprachen, hätten sich noch etwas früher getrennt.

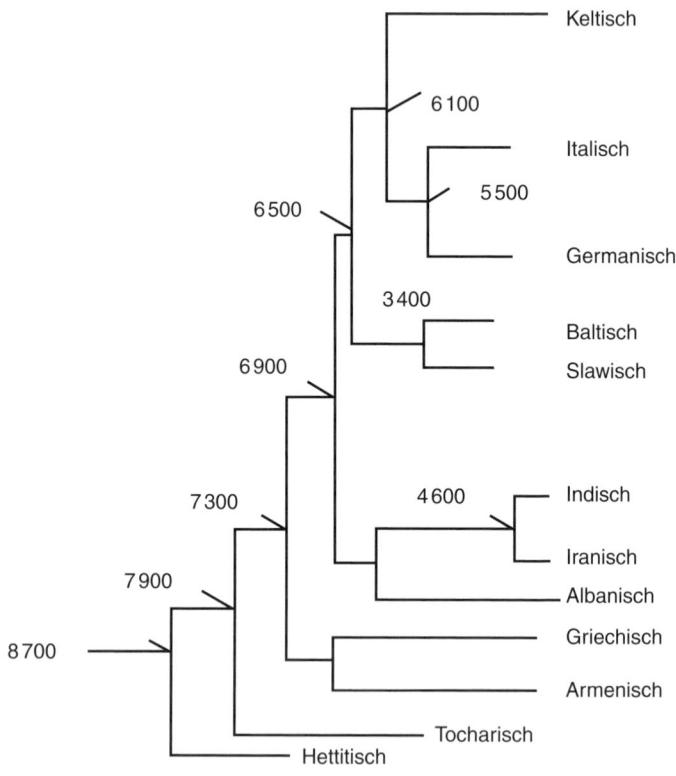

Sprachbaum der indogermanischen oder indoeuropäischen Sprachen. Die Zahlen geben an, wie lange vor heute nach einer nicht unumstrittenen Rechnung von Gray und Atkinson sich die Sprachfamilien getrennt haben.

Tod kleiner Sprachen oder Chance zum Überleben?

Es ist eine allgemein bekannte Tatsache, dass das Aussterben vieler kleiner Sprachen, also solcher, die nur von einer relativ geringen Zahl von Menschen gesprochen werden, in den nächsten Jahrzehnten zu erwarten ist. Nicht etwa nur die Hälfte der Sprachen dieser Welt, sondern bis zu 90 Prozent sind in diesem Jahrhundert vom Untergang bedroht.

Man könnte den Endzustand, in dem kein Diffusionsgefälle mehr besteht, das Diffusions-Gleichgewicht erreicht ist, weil alle Menschen die gleiche Sprache sprechen, den „Diffusionstod" der Sprache nennen, in Anlehnung an den „Wärmetod", der ausdrückt, dass kein Temperaturgefälle mehr besteht.

In jüngster Zeit hat sich eine Reihe theoretischer Physiker und Mathematiker auf dem Gebiet der Linguistik engagiert und sich vor allem mit dem zeitlichen Verlauf des Rückgangs bis hin zum Verschwinden von Minoritätssprachen gegenüber dominierenden Sprachen befasst.

Auslöser war eine Arbeit von Abrams und Strogatz im Jahr 2003 [Abrams 2003], in der die Autoren, theoretische Physiker, dramatische Vorhersagen über das ihres Erachtens zu erwartende Aussterben der südamerikanischen Indianersprache Quechua und der keltischen Idiome in Schottland und Wales treffen. Sie beschreiben empirische Daten über den Rückgang der Sprecher dieser Sprachen unter den extrem vereinfachten Annahmen einer sozial und räumlich homogenen Gesellschaft, in der zwei verschiedene Sprachen gesprochen werden, aber alle Sprecher „monolingual" sind, also nicht zweisprachig. Sie nehmen weiter an, dass sich keine der Sprachen verändert. Die Autoren der Studie können die empirischen Daten für den Rückgang der Minoritätssprache mit einer Abfallsfunktion deuten, die für alle untersuchten Sprachen nicht sehr verschieden ist. Das ist es, was die Flut von Nachfolgearbeiten abstrakt denkender Kollegen auf die sehr einfach gestrickte Arbeit von Abrams und Strogatz ausgelöst haben dürfte, die erstaunlicherweise in Nature publiziert wurde. Abrams und Strogatz benötigen zur Anpassung an die empirischen Daten allerdings noch einen weiteren Parameter, den „sozialen Status" der Sprache, im Grunde den Nutzen für die Sprecher hinsichtlich berufliches Fortkommen, sozialen Status etc., einen Parameter, den sie willkürlich anpassen. Meines Erachtens einzige Aussage der Arbeit ist: Man müsse den sozialen Status der Minoritätssprache heben, um ihr eine Chance zum Überleben zu gewähren. Aber das weiß jeder, der auch nur einmal durch die Quechua sprechenden Gebiete der Anden gewandert ist, und auch jeder, der Zeitungen liest und die Folgen der Wahlerfolge von Präsident Morales in Bolivien verfolgt.

Die Autoren geben auch zu, dass es entgegen ihren Annahmen sehr wohl bi- und multilinguale Gemeinschaften gibt, wo die „Zweitsprache" überlebt. Sie weisen auf das recht ungeeignete Beispiel des französischsprachigen Quebecs hin, aber man könnte zahlreiche viel geeignetere finden, z. B. die kroatisch- und slowenischsprachigen Österreicher, die alle neben ihrer Muttersprache akzentfrei Deutsch sprechen und mittlerweile das Überleben ihrer Sprache abgesichert haben. Oder hier, wo ich dies schreibe, die wachsende Sprachgruppe der Sherpas, die neben ihrer Muttersprache nach Aussage der nepalisprachigen Bhramanen und Chhetris tadellos die Staatssprache Nepali sprechen und Nepali auch im Umgang mit Nicht-Sherpa-Sprachigen täglich verwenden. Und in Indien spricht mittlerweile eine breite Mittelschicht fließend „Indian-English", auch im Umgang miteinander, ohne ihre Muttersprachen Panjabi, Hindi, Bengali, Oria, Marathi, Gujarati, Tamil, Kannada, Telugu oder Malayalam zu verleugnen oder hintanzustellen. Man sehe sich ein „Indian Movie" an und wird feststellen, dass die Akteure zwischen Englisch und Hindi (oder Bengali, Tamil) manchmal im selben Satz hin- und herwechseln. In Schottland bemüht man sich mit Förderungsmaßnahmen für das Gälische mit offenbarem Erfolg um sein Überleben [Kandler 2009], und das Walisische in Wales ist als Zweitsprache neben dem Englischen eher im Vorrücken.

Aber bei aller Kritik: Die Arbeit von Abrams und Strogatz war ein Auslöser für eine Flut von Arbeiten, die mit mathematisch-logischen Methoden Vorhersagen über das Schicksal von Minderheitssprachen treffen.

Schon im folgenden Jahr berücksichtigten Patriarca und Leppänen [Patriarca 2004] im einfachen Abrams-Strogatz-Modell, dass der Status einer Sprache je nach Gebiet ein anderer sein kann. Wie die Sprachen sich räumlich und zeitlich durchdringen, ist ein Diffusionsproblem. Dies führt zu Gebieten, in denen sich die eine Sprache stabilisiert, während sich in anderen eine andere erhält. Wieder meine Erfahrung aus „Ladinien" in Südtirol, dessen Sprache heute ungefährdet erscheint, aber auch aus dem nach Höhenlage gestaffelt von Sherpas, Gurungs und Chhetris bewohntem Gebiet im Mittelgebirge südlich des Mount Everest: In den Höhenlagen muss man Sherpa sein und Sherpa sprechen, sonst gilt man nichts. Unten im Tal gilt das Gleiche für die Bhramanen und Chhetris und ihre Sprache Nepali. Also nichts Neues bei Patriarca und Leppänen für den, der mit offenen Ohren durch die Welt geht. Aber erstmals eine Diffusionsgleichung auf dem Gebiet der Linguistik.

Kosmidis, Halley und Argyrakis [Kosmidis 2005] befassten sich kurz darauf mit dem gleichen Problem der

Konkurrenz zweier Sprachen und erhielten aus Computer-Simulationen zusätzlich eine interessante Prognose: Wenn eine der beiden Sprachen durch die Zahl ihrer Sprecher und ihren größeren Nutzen für die Sprecher die andere zum Aussterben bringt, dann wird diese überlebende Sprache schließlich über ein reicheres Vokabular verfügen, indem sie Worte der ausgelöschten Sprache inkorporiert. Kosmidis und Kollegen meinen, dass dies eine Erklärung für die Existenz und die Herkunft von Synonymen in Sprachen sein könnte.

In den Arbeiten der Physiker finden sich kaum Vergleiche mit realen Verhältnissen, meist sind es rein mathematische Modelle, die für Phänomene der Physik entwickelt wurden. Daher sind die Linguisten bisher sehr skeptisch bezüglich der Möglichkeiten, die Sprachentwicklung in Formeln zu fassen. Schulze, Stauffer und Wichmann [Schulze 2008] zitieren einen Gutachter (offenbar einer ihrer Arbeiten zur Linguistik mit physikalischen Modellen), der der physikalischen Behandlung von Sprachproblemen den Vorwurf des Reduktionismus macht, die Kluft zwischen den Sozialwissenschaften und den Naturwissenschaften werde nicht hinreichend berücksichtigt.

An den beiden Ufern einer noch breiten Kluft: Physiker und Linguisten

Im Buch von Aikhenvald und Dixon „Areal Diffusion and Genetic Inheritance" [Aikhenwald 2001] kommt diese Skepsis klar zum Ausdruck. Dort bemühen sich Linguisten intensiv um Beiträge zur Sprachdiffusion, ohne mathematische Modelle zu versuchen. Sie zählen die verschiedensten Schwierigkeiten auf, die einer mathematischen Behandlung entgegenstehen: Diffusion von Wörtern, Formen, Regeln, Betonung müsse nicht innerhalb der Sprache selbst, aus ihr heraus, entstehen, meist sind es Anregungen von Nachbarsprachen, mit denen Austausch besteht. Das ist ein Diffusionsvorgang von einer Sprache in eine andere. Weiterhin: Die Menschen, die eine Sprache sprechen, sind nicht unbeweglich; sie haben Kontakte mit Fremdsprachigen, und sie wandern. Wie mag der Zusammenhang zwischen der räumlichen Bewegung, der räumlichen Diffusion, und der Veränderung der Sprache sein, die man ebenso als eine Diffusion, eine Diffusion im Raum der Konsonanten und Vokale, der grammatikalischen Systeme, der Betonungen usw. bezeichnen kann? Da detektivische Kleinarbeit zurück in die Vergangenheit zur Erforschung der Diffusion im Raum der Sprachelemente nötig ist, ist diese Diffusion weitgehend ungeklärt.

Zwei verschiedene Typen von Diffusion, die von Menschen und die von sprachlichen Details, durchdringen sich also zweifellos. Es fehlt die Vorzugsrichtung, die die Ackerbauern der Jungsteinzeit vorrücken lässt, die zweifellos die Miniermotte und das Ragweed vordringen lässt. „Die Diffusion zwischen Sprachen dagegen gleicht einem Dickicht, einem Jungwald voll von Unterholz", sagt Matisoff [Matisoff 2001]. Diffusion von Wörtern, Formen, Regeln muss nicht innerhalb der Sprache selbst, aus ihr heraus, entstehen; oft sind es Anregungen von Nachbarsprachen, mit denen Austausch besteht. Das ist die Diffusion von Wörtern einer Sprache in eine andere, auf die Kosmidis und Kollegen hingewiesen haben. Es können auch grammatische Formen und phonetische Charakteristika diffundieren, zum Beispiel Betonung und Nasalierung.

Aikhenvald und Dixon meinen, dass einige Ansätze für Diffusionsgesetze schon gegeben wären, denn man kann einige recht allgemeingültige Regeln aufstellen: Offene Gesellschaften tendieren naturgemäß stärker zur Diffusion als geschlossene, kleinere Gemeinschaften mehr als größere, Herrschaftsverhältnisse sind relevant für die Richtung der Diffusion und ihre Stärke. Selbstverständlich führt eine Transformation aus einer bäuerlichen Gesellschaft in eine industrielle, wenn sie mit einer Kolonisierung verbunden ist, zur Diffusion zahlreicher Wörter der Sprache der Kolonisatoren in die der Kolonisierten, besonders sorgfältig studiert in den Minderheitssprachen der ehemaligen Sowjetunion mit ihren Russizismen für technische Wörter.

Aber wie soll man all das in Formeln fassen, sagen die Linguisten? Und deshalb wagte sich bisher kein Linguist an Diffusionsgleichungen, was sich in der Skepsis des oben genannten Gutachters widerspiegelt [Schulze 2008]. Zusammengefasst: Die Physiker beziehen sich in ihren Modellen kaum auf reale Gegebenheiten, die Linguisten scheuen sich vor der Mathematik. Aber die Kluft wird bald überbrückt werden, in der Interdisziplinarität liegt die Zukunft.

Mir erscheinen Simulationen der bisherigen Entwicklung und darauf aufbauende Extrapolationen in die Zukunft aussichtsreicher, so, wie es für Ausbreitung neuer Arten geschieht [Gilbert 2004, Smolik 2010]. Die Möglichkeiten für aussagekräftige Simulationen sind allerdings bisher noch durch lückenhaftes oder gar nicht vorhandenes Datenmaterial begrenzt.

Führt der Diffusionstod zur Welt-Einheitszivilisation?

Ich möchte dort enden, wo ich begonnen habe, bei der Ausbreitung und / oder Behauptung kleiner Sprachgruppen mit der Diffusion oder gegen die Diffusion der Mehrheitsbevölkerung.

Immer wieder bei meinen Wanderungen durch Wissenschaft und Landschaft werde ich auf die zunehmende Vereinheitlichung der Welt aufmerksam.

In der Wissenschaft ist es die Sprache, die einer mächtigen Vereinheitlichungstendenz unterliegt. Heute muss man in Englisch veröffentlichen, damit Arbeiten wahrgenommen werden, und selbst auf den nationalen Tagungen wird mittlerweile vorzugsweise Englisch gesprochen.

Berggebiete sind immer auch Rückzugsgebiete alter Völker, Lebensformen und Sprachen, die in der Ebene nicht überlebt haben, vielmehr im Einheitsbrei untergegangen sind. Vor 40 Jahren konnte man in den Tälern unserer Alpen noch Nischen finden, in denen die „Erben der Einsamkeit" ihren Überlebenskampf ohne Strom- und Straßenanschluss, dafür mit vielen Kindern kämpften. Heute breitet sich die Zivilisation unaufhaltsam aus, sie diffundiert mit Straßen und Stromleitungen in die hintersten Talwinkel. Heute mag man in den hintersten Winkel Südtirols oder in das längste Tal der Seealpen im französisch-italienischen Grenzgebiet streunen, ohne jemals in Verlegenheit zu kommen, auf einem Bergbauernhof zwischen den zahlreichen Kindern der Bauern in einer verrauchten Stube schlafen zu müssen. Die letzten Erben der Einsamkeit sind durch asphaltierte Straßen mit den Städten im Tal verbunden und über das Fernsehen in die moderne Informationsgesellschaft eingebunden, die Kinderzahl ist drastisch zurückgegangen. Die moderne Lebensform hat sich wie der Tropfen Tinte, der in Wasser sich löst, durch Diffusion über ganz Europa fast gleichmäßig verteilt. Der Zivilisationsgradient ist verschwunden, die Diffusion ist im Gleichgewicht, Europa ist vereinheitlicht, was seine Zivilisation betrifft. Und einigen kleinen Gruppen, u. a. den Ladinern, ist es entgegen diesem Trend zum Diffusions-Gleichgewicht doch gelungen, ihre Eigenart, sogar ihre Sprache zu bewahren.

Heute muss man durch außereuropäische Gebirgslandschaften streunen, um zu studieren, wie der Vorgang der Diffusion abläuft, wie sich die Zivilisation zunehmend ausbreitet. In Nepal kann man diesen Vorgang noch verfolgen, aber auch dort findet er, wie eingangs erwähnt, mit so großer Vehemenz statt, dass die Vereinheitlichung absehbar ist. Die moderne Zivilisation wächst schnell in die Landschaft hinein. Die Bevölkerung wächst ebenfalls rasend.

In eine längst vergangene Zeit verzaubert, ins Südtirol des 18. oder 19. Jahrhunderts, so komme ich mir vor, wenn ich über die steilen Hügel und durch die tiefen Täler des Himalaja-Vorlandes wandere und beobachte, wie die globale Zivilisation sich unaufhaltsam ausbreitet, hereindiffundiert in dieses bisher abgelegene Gebiet. Ich wiederhole, was ich anfangs berichtet habe: Ich schreibe dies, mit untergeschlagenen Beinen auf einer alten Truhe sitzend, in einem nepalesischen Bauernhaus mit offener Feuerstelle ohne Rauchabzug und mit gestampftem Lehmboden. Fließendes Wasser vor dem Haus, wenn die Wasserversorgung gerade klappt, was nicht immer der Fall ist. Links von mir dreht die alte Bäuerin ihre Gebetstrommel und murmelt buddhistische Gebete, rechts von mir spricht ihr Sohn in sein Mobiltelefon. Vor mir am Dachbalken sehe ich die frisch verlegten Stromdrähte, durch die angeblich in wenigen Wochen die dem Haus zugeteilten 400 Milliampere für die vier 25-Watt-Birnen oder vielleicht doch eher für einen Fernsehapparat fließen werden. Ein Kleinkraftwerk in der tief eingeschnittenen Schlucht unter dem Dorf soll das ermöglichen.

Vergangenes Jahr war ich erstmals in einem Dorf, eher einer Streusiedlung, in diesem gebirgigen Bauernland abseits der Verkehr- und Touristenrouten, in respektvoller Entfernung von den Himalaja-Riesen, aber mit Sicht auf die Gletscherberge Nepals. Die Ähnlichkeit mit der heimatlichen Bergwelt und ihrer Siedlungsstruktur faszinierte mich, aber mehr noch die Tatsache, dass es praktisch keine der Annehmlichleiten der modernen Zivilisation gab, sodass man sich 2 Jahrhunderte zurückversetzt vorkam.

Heute, ein Jahr später, liegen die Stromleitungen, an den Wasserzuleitungen in die Häuser wird gearbeitet, und die Straßentrassen sind zwar immer noch zwei Tagesmärsche entfernt, fressen sich aber unaufhaltsam an das Dorf heran. Die uns äußere Beobachter so romantisch-urig erscheinenden Zustände werden dann der Vergangenheit angehören. Das „Diffusions-Gleichgewicht " zwischen „entwickelten" und „unterentwickelten" Landesteilen wird hergestellt sein.

Parallel strebt auch die Sprachlandschaft nach Vereinheitlichung, nach dem „Diffusions-Gleichgewicht". Das
Nepali, vorher nur von den Bhramanen und Chhetris, den
nepalischen „Indern", gesprochen, hat sich ausgebreitet
und breitet sich weiter aus, diffundiert. Nur die Sherpas
scheinen auf Expansion aufgrund ihrer großen Kinderzahl. Werden sie ihre Sprache, einen tibetischen Dialekt,
erhalten können? Und trotzdem wirtschaftlich konkur-
renzfähig sein? Die physikalischen Diffusionsmodelle
[Patriarca 2004] meinen, das wäre möglich. Hoffen wir,
dass die auf Vereinheitlichung zielende Diffusion durch
den Status, den sich die Sherpas als Bergsteiger geschaffen
haben, in die Schranken gewiesen wird. Hoffen wir, dass
es nicht zum „Diffusionstod" dieser Sprache und Kultur
kommt.

In einem Sherpa-Kloster in 3 000 Meter Höhe wiederholt sich schließlich, was wir 30 Jahre früher 4 000 Kilometer weiter westlich im Südosten der Türkei in der auf winzigen Raum geschrumpften Siedlungsinsel der christlichen
Aramäer in ähnlicher Form erlebt haben. Dort lag der alte
Bischof der syrischen Christen von Mardin malerisch auf
einem Teppich, und man erzählte uns von der Geschichte
der letzten Christen der Osttürkei, ihren Schwierigkeiten
in einer moslemischen Umgebung, den Schwierigkeiten
der Verbindung zur christlichen Welt und ihrer Angst,
ganz aufgerieben zu werden. In dieser Hinsicht darf man
wegen der Annäherung der Türkei an Europa heute, 30
Jahre später, vorsichtig optimistisch sein.

Hier im Sherpaland, in einer nicht schrumpfenden, sondern im Gegenteil erst vor wenigen Jahrzehnten entstan-
denen Siedlungsinsel der Sherpas, die wegen ihrer selbst
für nepalische Verhältnisse großen Kinderzahl sich wei-

ter ausbreiten, ist ein Kloster entstanden. Es hat seinen Ritus vom nächsten tibetischen Kloster, näher an der tibetischen Grenze aber immer noch in Nepal gelegen, erhalten. Auf einem Ruhebett liegend empfängt uns der alte buddhistisch-lamaistische Abt und erzählt uns von den Schwierigkeiten der Sherpas, ohne eigene Schulen in dieser fremdsprachigen Umgebung und doch als gute Nepali als Volk zu überleben. Aber er ist voller Pläne, will ein Sherpa-Kloster in Kathmandu aufbauen.

Noch einmal: Hoffen wir, dass es nicht zum „Diffusionstod" dieser Sprache und Kultur kommt. Und dass es viele andere so resistente Sprachen gibt wie das Ladinische und das Sherpa.

Dank

Bei einer Wanderung zwischen den Wissenschaftsdisziplinen braucht man Freunde, die dort führen, wo man selbst seine Schritte nicht zu setzen wagt, und nicht weniger Freunde, die bereit sind mitzuwandern. Einigen von ihnen möchte ich hier danken.

Ich beginne mit einem Physiker, der sein Gebiet geprägt hat: Werner Schilling. Er hatte die Idee, einen überraschenden und vorerst verwirrenden Effekt, den ich gefunden hatte und mit dem alles begann, als Diffusion in einem Atom-Käfig zu deuten.

Der Einstieg in die interdisziplinäre Forschung zwischen Ökologie, Biologie und Physik begann damit, dass mir die Biologin Christa Lethmayer erste Informationen zur Ausbreitung der Miniermotte verschaffte. Dann gelang es uns, Stefan Dullinger und Franz Essl, Biologen und Ökologen, für gemeinsame Ausflüge in die Interdisziplinarität zu gewinnen, und sie sind weiterhin mit Begeisterung und Engagement bei unseren Forschungen zwischen den Wissenschaften dabei. Ohne sie hätten wir keine Information über die Probleme neu zuwandernder Pflanzen; seriöse Arbeit auf dem Gebiet der Diffusion lebender Invasoren wäre ohne ihre Arbeit und Kritik ganz unmöglich.

Hans Goebl, Romanist und Vater des Sprachatlas des Ladinischen, der uns seine Forschungsdaten zur mittelalterlichen Ausbreitung der französischen und der italienischen Sprache zur Verfügung stellte, ist weiterhin an der Diffusion in den Sprachwissenschaften interessiert. Ihm danke ich für ermutigende Diskussionen.

Manches aus den Zusammenarbeiten in Ökologie, Biologie und Linguistik, worüber ich hier erzählt habe, ist noch unveröffentlicht. Dort wo private Mitteilung steht, sind noch lebhafte Diskussionen im Gang, die hoffentlich zu Ergebnissen führen werden.

Tendi Sherpa, der tatsächlich von Beruf Sirdar, das heißt Führer, ist, führte mich durch die Dörfer seiner Heimat in Ostnepal mit ihrem Völkergemisch, von Bauernhof zu Bauernhof, versuchte, auf meine nicht enden wollenden Fragen zu antworten, und ermöglichte mir, das Sprachengewirr in Nepal zu genießen, wenn auch nicht zu verstehen.

Die Kollegen, die mich zu Vorträgen über die interdisziplinäre Diffusion an ihre Universitäten einluden, speziell Jörg Kärger in Leipzig, Armin Bunde in Gießen, Roland Würschum in Graz, alle Physik-Professoren, aber interessiert am Blick über den Tellerrand, Ruth Wodak und Renée Schroeder, die Koordinatorinnen des Forums für Interdisziplinären Dialog in Wien, ermutigten mich, die Diffusion durch das Dickicht zwischen den Wissenschaften nicht aufzugeben.

Meiner Frau danke ich dafür, dass sie zuweilen die Geduld aufgebracht hat, sich meine waghalsigen Diffusionsvermutungen anzuhören, wenn sie nicht zu physikalisch wurden, und dass sie schließlich die Ragweed-Pflanzen in unserem Garten entdeckte, fotografierte und anschließend vernichtete. Meine Tochter Ronja ersann und zeichnete den Wirtshausbesucher, den sie in einer Grinzinger Heurigengasse torkeln lässt.

Schließlich möchte ich den jungen Physikern Lorenz Stadler und Michael Leitner danken, die meine Ausflüge über den Tellerrand unserer Spezialdisziplin, meinen „random walk" über die Felder anderer Wissenschaften, mitgewandert sind und noch mitwandern. Sie gaben Ideen, beherrschen mathematische Methoden besser als ich und laufen daher mittlerweile häufig voraus. Und sind auch als Physiker wagemutig, denn sie wagten mit mir erste Schritte zum Einsatz des Röntgenlasers für die friedliche Wissenschaft der Diffusion. Der Erfolg hat gezeigt, dass Wagemut sich lohnt.

Literatur

Abrams 2003

Abrams D. M. and S. H. Strogatz, Modelling the Dynamics of Language Death, Nature 424, 900 (2003)

Aikhenwald 2001

Aikhenwald A. Y. and R. M. W. Dixon, Areal Diffusion and Genetic Inheritance, Oxford Univ. Press 2001

Alonso 2005

Alonso S., C. Flores, V. Cabrera et al., The Place of the Basques in the European Y-chromosome Diversity Landscape, Europ. J. Human Genetics 13, 1293–1302 (2005)

Ammerman 1971

Ammerman A. J. and L. L. Cavalli-Sforza, Measuring the Rate of Spread of Early Farming in Europe, Man, New Series 6, 674–688 (1971)

Ammerman 1984

Ammerman A. J. and L. L. Cavalli-Sforza, The Neolithic Transition and the Genetics of Populations in Europe, Princeton University Press, Princeton 1984

Aoki 1993

Aoki K., Modelling the Dispersal of the First Americans Through an Inhospitable Ice-free Corridor, Anthropol. Sci. 101, 79–89 (1993)

Bauduer 2005

Bauduer F., J. Feingold and D. Lacombe, The Basques: Review of Population Genetics and Mendelian Disorders, Human Biology 77, 619–637 (2005)

Bellwood 2001

Bellwood P., Early Agricultural Population. Diasporas? Farming, Languages and Genes, Ann. Rev. Anthropol. 30, 181–207 (2001)

Bernoulli 1766

Bernoulli D., De la mortalité causée par la petite vérole, et des avantages de l'inoculation pour la prévenir. In: Mémoires de l'Académie Royale des Sciences –Histoire Année, Imprimerie Royale, Paris (1766), zitiert nach Murray 2003

Bramanti 2009

Bramanti B., M. G. Thomas, W. Haak et al., Genetic Discontinuity Between Local Hunter-Gatherers and Central Europe's First Farmers, Science 326, 137–140 (2009)

Brockhouse 1955

Brockhouse B. N., Neutron Scattering and the Frequency Distribution of Normal Modes of Vanadium Metal, Can. J. Phys. 33, 889–891 (1955)

Brockhouse 1958

Brockhouse B. N., Structural Dynamics of Water by Neutron Spectroscopy, Suppl. Nuovo Cimento 9, 45–71 (1958)

Brockmann 2006

Brockmann D., L. Hufnagel and T. Geisel, The Scaling Laws of Human Travel, Nature 439, 462–465 (2006)

Brockmann 2009

Brockmann D., V. David and A. M. Gallardo, Human Mobility and Spatial Disease Dynamics, in: Diffusion Fundamentals III, eds. C. Chmelik, N. Kanellopoulos, J. Kärger and D. Theodorou, Leipziger Universitätsverlag, Leipzig 2009, S. 55–81

Brown 1828

Brown R., A Brief Account of Microscopical Observations Made in the Months of June, July and August, 1827, on the Particles Contained in the Pollens of Plants; and the General Existence of Active Molecules in Organic and Inorganic Bodies. Phil. Mag. New Series 4, 161–173 (1828)

Cavalli-Sforza 2001

Cavalli-Sforza L. L., Gene, Völker und Sprachen, dtv, München 2001

Chikhi 2002

Chikhi L., R. A. Nichols, G. Barbujani and M. A. Beaumont, Y Genetic Data Support the Neolithic Demic Diffusion Model, PNAS 99, 11008–11013 (2002)

Clark 1965

Clark J. G. D., Radiocarbon Dating and the Expansion of Farming Culture from the Near East over Europe, Proc. Prehistoric Soc. 31, 57–73 (1965)

Currat 2005

Currat M. and L. Excoffier, The Effect of the Neolithic Expansion on European Molecular Diversity, Proc. R. Soc. 272, 679–688 (2005)

Dattagupta 1977

Dattagupta S., Self-Interstitals Trapped at Co Impurities in Electron-irradiated Al – Theoretical study of Effects of Static and Dynamic Quadrupolar Interactions on Mössbauer Line-shape, Sol. State Comm. 24, 19–22 (1977)

Edwards 2007

Edwards A. M., A. R. Phillips, N. W. Watkins et al., Revisiting Levy Search Patterns of Wandering Albatrosses, Bumblebees and Deer, Nature 449, 1044–1048 (2007)

Einstein 1905/1

Einstein A., Eine neue Bestimmung der Moleküldimensionen. Inaugural-Dissertation, Universität Zürich 1905

Einstein 1905/2

Einstein A., Über die von der molekularkinetischen Theorie der Wärme geforderte Bewegung von in ruhenden Flüssigkeiten suspendierten Teilchen, Ann. Phys. 17, 549–560 (1905)

Essl 2002

Essl F. und Rabitsch W., Neobiota in Österreich, Umweltbundesamt, Wien 2002

Essl 2010

Essl F., private Mitteilung (2010)

Fick 1855/1

Fick A., Über Diffusion, Poggendorf's Annalen Bd. 94, 59–81 (1855)

Fick 1855/2

Fick A., Über Diffusion, Z. rat. Medicin, N.F.Bd.VI, 288–301 (1855)

Fisher 1937

Fisher R. A., The Wave of Advance of Advantageous Genes, Ann. Eugen. 7, 355–369 (1937)

Fourier 1822

Fourier J., Théorie Analytique de la Chaleur, Firmin Didot, Paris 1822

Gamov 1947

Gamov G., One Two Three ... Infinity: Facts and Speculations of Science, Bantam 1947, 1961

Gerdau 1985

Gerdau E., R. Rüffer, H. Winkler et al., Nuclear Bragg Diffraction of Synchrotron Radiation in Yttrium Iron Garnet, Phys. Rev. Lett. 54, 835–838 (1985).

Gilbert 2004

Gilbert M., J.-C. Grégoire, J. F. Freise and W. Heitland, Long-distance Dispersal and Human Population Density Allow the Prediction of Invasive Patterns in the Horse-chestnut Leafminer Cameraria ohridella, J. Anim. Ecol. 73, 459–468 (2004)

Gimbutas (1956)

Gimbutas, M. The Prehistory of Eastern Europe, Part 1 (1956)

Goebl 2006

Goebl H., R. Bauer und E. Heimerl, Sprachatlas des Ladinischen und angrenzender Dialekte, Universität Salzburg 2006, http:// ald.sbg.ac.at

Gray 2003

Gray R. D. and Q. D. Atkinson, Language Tree Divergence Times Support the Anatolian Theory of Indo-European Origin, Nature 426, 435–439 (2003)

Haak 2005

Haak W., P. Forster, B. Bramanti et al., Ancient DNA from the First European Farmers in 7500-year-old Neolithic Sites, Science 310, 1016–1018 (2005)

Hazelwood 2004

Hazelwood L. and J. Steele, Spatial Dynamics of Human Dispersals. Constraints on Modelling and Archaeological Validation, Archaeol. Sci. 31, 669–679 (2004)

Heitjans 2005

Heitjans P. and J. Kärger, eds., Diffusion in Condensed Matter, Springer, Berlin, Heidelberg, New York 2005

Hempelmann 2000

Hempelmann R., Quasielastic Neutron Scattering and Solid State Diffusion, Oxford Science Publ., Oxford 2000

Herivel 1975

Herivel J., Joseph Fourier. The Man and the Physicist, Clarendon Press, Oxford 1975

Jones 1786

Jones Sir W., The Anniversary Discourse, delivered 2d February 1786, part XXV, in: Asiatic Researches, Comprising History and Antiquities, the Arts, Science and Literature of Asia. Vol. The First, Nachdruck Cosmo Publ., New Delhi 1979

Kandler 2009

Kandler A., private Mitteilung (2009)

Kärger 2005

Kärger J. and F. Stallmach, PFG NMR Studies of Anomalous Diffusion, in: Diffusion in Condensed Matter, pp. 419–462, eds. P. Heitjans and J. Kärger, Springer, Berlin, Heidelberg, New York 2005

Klafter 2005

Klafter J., and I. M. Sokolov, Anomalous Diffusion Spreads its Wings, Phys. World 18, 29–32 (2005)

Kosmidis 2005

Kosmidis K., J. M. Halley and P. Argyrakis, Language Evolution and Population Dynamics in a System of Two Interacting Species, Physica A 353, 595–612 (2005)

Langer 1964

Langer W. L., The Black Death, Sci. Amer. 210,114–119 (1964)

Leitner 2009/1

Leitner M., H. Goebl und P. Videsott, private Mitteilung (2009)

Leitner 2009/2

Leitner M., B. Sepiol, L.-M. Stadler, B. Pfau and G. Vogl, Atomic Diffusion Studied with Coherent X-rays, Nature mat. 8, 717–720 (2009)

Lenneis 2005

Lenneis E., private Mitteilung (2005)

Lüders 2009

Lüders, K. und R. O. Pohl (Hrsg.), Pohls Einführung in die Physik, Mechanik, Akustik und Wärmelehre, 20. Auflage, Springer, Berlin und Heidelberg 2009

Mallory 1989

Mallory J. P., In Search of the Indo-Europeans, Language, Archeology and Myth, Thames and Hudson 1989

Mantl 1983

Mantl S., W. Petry, K. Schroeder and G. Vogl, Diffusion of Iron in Aluminum Studied by Mössbauer Spectroscopy, Phys. Rev. B 27, 5313 (1983)

Matisoff 2001

Matisoff J. A., Genetic Versus Contact Relationship in South-East Asian Languages, in: A. Y. Aikhenwald and R. M. W. Dixon, Areal Diffusion and Genetic Inheritance, Oxford Univ. Press 2001

Mehrer 2007

Mehrer, H., Diffusion in Solids: Fundamentals, Methods, Materials, Diffusion-Controlled Processes, Springer Berlin, Heidelberg, New York 2007

Murray 2003

Murray J. D., Mathematical Biology, Springer Berlin, Heidelberg, New York 2003

Noble 1974

Noble J. V., Geographic and Temporal Development of Plagues, Nature 250, 726–729 (1974)

Patriarca 2004

Patriarca M. and T. Leppänen, Modeling Language Competition, Physica A 338, 296–299 (2004)

Pearson 1905/1

Pearson K., The Problem of the Random Walk, Nature 72, 294 (1905)

Pearson 1905/2

Pearson K., The Problem of the Random Walk, Nature 72, 342 (1905)

Perego 2009

Perego U. A., A. Achilli, N. Angerhofer et al., Distinctive Paleo-Indian Migration Routes from Beringia Marked by Two Rare mtDNA Haplogroups, Current Biology 19, 1–8 (2009)

Perrin 1923

Perrin J., Die Atome, Verlag Theoodor Steinkopf, Dresden und Leipzig 1923 (Original: Les Atomes 1912)

Perrin 1926

Perrin J. B., Nobel Lecture. Discontinuous structure of matter, www.nobel.se/physics/laureates/1926

Petry 1982

Petry W., G. Vogl and W. Mansel, Mössbauer Study of Localized Diffusion in an Interstitial Cage, Z. Phys. B-Condensed Matter 46, 319–329 (1982)

Renfrew 1982

Renfrew C., The Origins of Indo-Euopean Languages, Sci. Amer., October 1982, 82–90

Renfrew 2000/1

Renfrew C., A. McMahon and L. Trask, Time Depth in Historical Linguistics, The McDonald Institute for Archaeological research, Cambridge 2000

Renfrew 2000/2

Renfrew C., 10.000 or 5.000 years ago? Questions of Time Depth, in: Time Depth in Historical Linguistics, Vol.1, eds. C. Renfrew, A. McMahon and L. Trask, pp. 414–439, The McDonald Institute for Archaeological research, Cambridge 2000

Richards 2000

Richards M., V. Macaulay, E. Hickey et al., Tracing European Founder Lineages in the Near Eastern mtDNA, Am.J. Hum. Genet. 67, 1251–1276 (2000)

Richards 2003

Richards M., The Neolithic Invasion of Europe, Ann. Rev. Anthropology 32, 135–162 (2003)

Schulze 2008

Schulze C., D. Stauffer and S. Wichmann, Birth, Survival and Death of Languages by Monte Carlo Simulation, Comm. in Computational Physics 3, 271–294 (2008)

Semino 2000

Semino O., G. Passarino, P.J. Oefner et al., Genetic Legacy of Palaeolitic Homo sapiens sapiens in Europe. Y Chromosome. Science 290, 1155–1159 (2000)

Sepiol 1993

Sepiol B. and G. Vogl, Atomistic Determination of Diffusion Mechanism on an Ordered Lattice, Phys. Rev. Lett. 71, 731–734 (1993)

Sepiol 1998

Sepiol B., A. Meyer, G. Vogl, H. Franz and R. Rüffer, Diffusion in a Crystal Lattice with Nuclear Resonant Scattering of Synchrotron Radiation, Phys. Rev. B 57, 10433–10439 (1998)

Skellam 1951

Skellam J. G., Random Dispersal in Theoretical Populations, Biometrika 38, 196–218 (1951)

Smirnov 1995

Smirnov G.V. and V.G. Kohn, Theory of Nuclear Resonant Scattering of Synchotron Radiation in the Presence of Diffusive Motion of Nuclei, Phys. Rev. B 52, 3356–3365 (1995)

Smolik 2010

Smolik M. G., S. Dullinger, F. Essl, I. Kleinbauer, M. Leitner, J. Peterseil, L.-M. Stadler and G. Vogl, Integrating Species Distribution Models and Interacting Particle Systems to Predict the Spread of an Invasive Alien Plant, J. Biogeogr. 37, 411–422 (2010)

Smoluchowski 1906

Smoluchowski M. v., Zur kinetischen Theorie der Brown'schen Molekularbewegung und der Suspensionen, Ann. Physik 21, 756–780 (1906)

Springer 2005

Springer T. and R. E. Lechner, Diffusion Studies in Solids by Quasielastic Neutron Scattering, in: Diffusion in Condensed Matter, pp. 93–164, eds. P. Heitjans and J. Kärger, Springer, Berlin, Heidelberg, New York 2005

Stachel 1989

Stachel J., ed., The Collected Papers of Albert Einstein, Vol.2, Princeton Univ. Press 1989

Starostin 2001

Starostin S., Comparative-Historical Linguistics and Lexicostatistics, in: Areal Diffusion and Genetic Inheritance, A. Y. Aikhenwald and R. M. W. Dixon eds., Oxford Univ. Press 2001

Stauffer 2006

Stauffer D., S. Moss de Oliveira, P.M.C. de Oliveira and J. S. SaMartins, Biology, Sociology, Geology by Computational Physicists, Elsevier, Amsterdam 2006

Steele 1998

Steele J., J. Adams and T. Sluckin, Modelling Paleoindian Dispersals, World Archaeology 30, 286–305 (1998)

Steinmetz 1986

Steinmetz K. H., G. Vogl, W. Petry and K. Schroeder, Diffusion of Iron in Copper Studied by Mössbauer Spectroscopy on Single Crystals, Phys. Rev. B 34, 107–116 (1986)

Stephenson 2009

Stephenson G. B., A. Robert and G. Grübel, Revealing the Atomic Dance, Nature mat. 8, 702–703 (2009)

Sutherland 1905

Sutherland W., A Dynamical Theory of Diffusion for Non-electrolytes and the Molecular Mass of Albumin, Phil. Mag. 9, 781–785 (1905)

Torroni 2006

Torroni A., A. Achilli, V. Macaulay, M. Richards and H.J. Bandelt, Harvesting the Fruit of the Human mtDNA Tree, Trends in Genetics 22, 339–345 (2006)

Underhill 2007

Underhill P. A. and T. Kivisild, Use of Y Chromosome and Mitochondrial DNA Population Structure in Tracing Human Migrations, Annual Rev. Genetics 41, 539–564 (2007)

Viswanathan 1996

Viswanathan G. M., V. Afanasyev, S. V. Buldyrev et al., Lévy Flight Search Patterns of Wandering Albatrosses, Nature 381, 413–415 (1996)

Vogl 1976

Vogl G., W. Mansel and P. H. Dederichs, Unusual Dynamical Properties of Self-Interstitials Trapped at Co Impurities in Al, Phys. Rev. Lett. 36, 497–500 (1976)

Vogl 2005

Vogl G. and B. Sepiol, The Elementary Diffusion Step in Metals Studied by the Interference of Gamma-Rays, X-Rays and Neutrons, in: Diffusion in Condensed Matter pp. 65–91, eds. P. Heitjans and J. Kärger, Springer, Berlin, Heidelberg, New York 2005

Vogl 2007

Vogl G., Wandern ohne Ziel, Springer Berlin Heidelberg 2007

Vogl 2009

Vogl S., private Mitteilung (2009)

Wang 2007

Wang S., C. M. Lewis Jr., M. Jakobsson, et al., Genetic Variation and Population Structure in Native Americans, PLoS Genet 3(11): e185, doi:10.1371/journal.pgen.0030185

Index

Spannende und gut verständliche Einführungen in die Welt der Physik

www.spektrum-verlag.de

Die € [D]-Preise enthalten 7 % MwSt (Bücher) bzw. 19 % MwSt. (elektronische Produkte). Der € [A]-Preis ist uns vom dortigen Importeur als Mindestpreis genannt worden. Irrtümer und Preisänderungen vorbehalten. Stand September 2010. 20100929

1. Aufl. 2009
208 S., 150 Abb., geb. mit SU
€ [D] 24,95 / € [A] 25,65 / CHF 33,50
ISBN 978-3-8274-2119-7

Joanne Baker

50 Schlüsselideen Physik

Dieses Buch nimmt sie mit auf eine spannende Entdeckungsreise durch die Welt der Physik, durch Mikro- und Makrokosmos: Lernen Sie die wichtigsten historischen Meilensteine kennen, verstehen Sie die Naturgesetze, dringen Sie vor zu den Grenzen des Wissens und philosophieren Sie mit über die ganz großen Fragen unserer Welt! Der Bogen des Buches ist dabei weit gespannt: vom absoluten Nullpunkt bis zur Allgemeinen Relativitätstheorie, von Newton bis zum Neutron, von Lichtbrechung bis Raumzeit, von Schrödingers Katze bis zur String-Theorie.

Nachvollziehbar und verständlich erklärt Joanne Baker jede der „50 Schlüsselideen" der Physik.

1. Aufl. 2010
386 S., geb. mit SU
€ [D] 24,95 / € [A] 25,65 / CHF 33,50
ISBN 978-3-8274-2425-9

Josef Honerkamp

Die Entdeckung des Unvorstellbaren
Einblicke in die Physik und ihre Methode

Der Autor nimmt Sie mit auf eine unterhaltsame und anregende Reise durch die letzten Jahrhunderte, er zeigt Ihnen wichtige Meilensteile des physikalischen Fortschritts seit Galileo Galilei und erklärt Ihnen, welcher Art die gewonnen Erkenntnisse sind.

Sie werden erfahren, wie Physik „funktioniert", warum und in welcher Form es dort gesichertes Wissen gibt und Sie werden die Macht der naturwissenschaftlichen Methode kennen lernen, aber auch die Grenzen physikalischer Theorien.

▶ Ausführliche Informationen unter www.spektrum-verlag.de

Faszinierende und fundierte Reisen in die Welt der Physik

www.spektrum-verlag.de

Die € [D]-Preise enthalten 7 % MwSt (Bücher) bzw. 19 % MwSt. (elektronische Produkte). Der € [A]-Preis ist uns vom dortigen Importeur als Mindestpreis genannt worden. Irrtümer und Preisänderungen vorbehalten. Stand September 2010. 20100929

1. Aufl. 2010
228 S., 10 Abb., geb. mit SU
€ [D] 19,95 / € [A] 20,50 / CHF 27,-
ISBN 978-3-8274-2531-7

Frank Close

Antimaterie

Von allen erstaunlichen Entdeckungen der Physik ist die Existenz von Antimaterie wohl eine der bizarrsten. Und sie dürfte, im wörtlichen wie im übertragenen Sinne, zu den am schwierigsten begreifbaren gehören. Das Buch Antimaterie untersucht diese seltsame Spiegelwelt, in der Teilchen identische, aber entgegengesetzte Eigenschaften zu denjenigen haben, aus denen sich die Materie unserer Alltagserfahrung zusammensetzt.

Die Idee der Antimaterie mag ein beliebtes Motiv der Science-Fiction-Literatur sein, aber wie der erfahrene Wissenschaftsautor Frank Close in diesem Buch zeigt, ist die Realität der Antimaterie sogar noch faszinierender als die Fiktion.

1. Aufl. 2010
276 S., 82 Abb., geb. mit SU
€ [D] 24,95 / € [A] 25,65 / CHF 33,50
ISBN 978-3-8274-2484-6

Jörg Resag

Die Entdeckung des Unteilbaren
Quanten, Quarks und der LHC

Mitten in Europa ist eine der größten und komplexesten Maschinen in Betrieb gegangen, die wir Menschen je gebaut haben: der Large Hadron Collider (kurz LHC). Mit ihm öffnet sich ein Fenster in eine neue Welt, die viele Geheimnisse birgt: Atome und ihre Substruktur aus Quarks und Leptonen, die rätselhafte Quantenmechanik, Supersymmetrie, Higgs-Teilchen und womöglich erste Anzeichen für die String-Theorie.

In diesem Buch erfährt der Leser von Insiderseite, welche Rätsel die Wissenschaft mit Hilfe des LHC zu lösen versucht bzw. welche Erkenntnisse bereits gewonnen wurden.

▸ **Ausführliche Informationen unter www.spektrum-verlag.de**

Printing: Ten Brink, Meppel, The Netherlands
Binding: Stürtz, Würzburg, Germany